시작되는 연인들을 위한
키스를 부르는 여행지 37

|달콤 ♥ 로맨틱 여행 2|

시작되는 연인들을 위한 키스를 부르는 여행지 37

M&J 지음

살림Life

10년 전, 삶의 방향을 잃고 방황하던 생각이 문득 떠오른다. 축 처진 어깨와 멍한 눈동자가 나를 상징하던 때, 반 년 이상을 그 상태에서 빠져나오려고 무척이나 고생했다. 친구들의 그 어떤 충고도, 역경을 딛고 일어나 성공한 사람들의 그 어떤 에세이도, 밤마다 마시던 술도 나를 다시 예전의 활기찬 모습으로 되돌려 놓을 수 없었던 암흑과도 같은 세상에서 나는 어쩌면 탈출구가 없을지도 모른다는 조급함과 절망감에 사로잡혀 하루하루를 보냈다. 하루에 마시는 물의 양보다 흘리는 눈물의 양이 더 많았던 그때, 끝없이 이어질 것만 같던 기나긴 암흑의 터널.

하지만 내가 다시 정신을 차리게 한 것은 너무나 간단한 말 한마디였다. 그날도 어김없이 술을 마시고 밤늦게 친구에게 전화를 걸어 다짜고짜 물어봤다.

"넌 왜 사니?"

나 자신에게, 그리고 다른 사람들에게 100번도 더 물어본 질문에 뻔한 대답만 들어왔
는데도 버릇처럼 순간 그 질문이 튀어나왔다.

하지만 잠에서 덜 깬 목소리로 잠깐의 망설임도 없이 그 친구가 한 말은 "재밌잖아"였
다. 순간 나도 모르게 얼마나 크게 웃었던지 친구가 잠이 다 달아났다고 할 정도였다.
그도 그럴 것이 그 짧은 말이 내가 그토록 찾아 헤맨 답이었으니 얼마나 기뻤겠는가!
그 뒤로 난 세상을 재미있게 살아보려고 노력했고, 지금은 남들이 볼 때 인생을 무척이
나 재미있게 사는 사람이 되었으니 어느 정도는 성공한 삶이 아닌가.

인생은 정말 재미있다. 평범한 회사원인 내가 책을 세 권씩이나 내리라고 누가 생각이
나 했겠는가. 그것도 평생 함께할 동반자와 만든 책을 세상에 내놓았으니, 꿈도 꾸지
못했던 일이 현실이 되어버린 것이다. 그래서 인생은 재미있는 게 아닐까. 내 앞에 펼
쳐진 인생이 또 어떤 깜짝 선물을 가져다줄지 사뭇 기대된다.

어떤 것이 됐든 재미있게 받아들일 준비를 하며 살아야겠다. 그래서 나이가 들어서도 사람들 기억 속에 나라는 인간은 여전히 재미있게 사는 사람이라고 기억되어 그들에게 부러움의 대상이 되었으면 좋겠다.

이번 책은 힘든 상황에서 진행되어 더욱 애착이 가는 우리의 세 번째 자식이다. 늘 우리에게 변함없는 믿음을 주시는 최병윤 팀장님에게 감사드리고, 『시작되는 연인들을 위한 키스를 부르는 여행지 37』을 예쁘게 만들어주신 김미경 씨에게도 감사의 마음을 전한다.

사랑하는 아내와 7개월 후 우리에게 희망으로 다가올 뱃속의 아기에게 이 책을 바친다.

From M

CONTENTS

CONTENTS

세상에 하나뿐인 우리 사랑에 걸맞은 특별한 문화의 정취!
도심 속에서 즐기는 판타스틱한 보물 놀이터

알콩달콩 사랑을 완성하는 고품격 공간

Theme 이_Book & Photo Cafe
가도 가도 설레는 우리만의 오붓한 아지트
추억은 늘 아름다운 것이겠지.
그래, 웃는 거야. 지금 너의 웃음을 기억할 거야.
지난날의 우리를 생각할 때마다
너의 그 행복한 웃음, 나의 이 핑크빛 설렘
그리고 우리들의 행복한 이 시간이
빛바래지 않도록 추억 속에 오래도록 간직할 거야.

헤이리 야경 속에서 무르익는 핑크빛 사랑

꿈꾸는 상자

Attractive air ★★★★★
Attractive price ★★★★☆
Attractive interior ★★★★☆
Attractive people ★★★★☆
M's Score   **100**점(답답한 인생에서 시간을 잠시 멈출 수 있는 곳)
J's Score   **100**점(네버랜드에서 즐기는 설레는 시간)

Today's Concept
M's 준비   카메라는 필수. 귀여운 모자가 잘 어울리는 곳이니 애인에게 모자를 선물해보세요.
J's 코디   발랄하고 귀여운 의상으로 변신해보세요.

M&J 지출 내역
베이글 : 4,000원
아메리카노 : 6,000원
키위주스 : 8,000원

INFO
Tel   031-949-9096
Open   평일 12:00~19:00, 주말 11:00~21:30(개점 시간은 사정에 따라 바뀔 수 있으니 가기 전날 전화 확인 필수)
Menu   에스프레소 6,000원, 아메리카노 6,000원, 카페라테 7,000원, 바닐라·캐러멜 라테 8,000원, 카푸치노 8,000원, 카페모카 8,000원, 카라멜 마키아토 8,000원, 유기농커피 8,000원, 허브티 7,000원, 레모네이드 8,000원, 핫초코 7,000원, 베이글·토스트 4,000원
Location   파주 헤이리 6번 게이트로 들어가 안상규 스튜디오를 끼고 우회전하여 직진(동화나라 앞 건물)

직장생활 5년째, 언제부터인지 주말엔 잠이나 자며 집에 있는 것이 편해졌어요. 몸이 힘들어도 도시락을 싸서 나들이 가고 멋진 레스토랑을 찾아다녔는데, 요즘은 컨디션을 회복하기 위해 늦잠을 자고 외출을 자제하거든요. 몸도 마음도 지쳤나 봐요. 지난 주말에도 침대에 파묻혀 있었는데 M이 좋은 곳에 간다며 저를 차에 태우고 말더라고요. 그것도 가는데 꽤나 오래 걸리는 헤이리까지 말이죠. 빗소리를 들으며 흙냄새까지 맡으니 기분은 맑아졌어요.

요즘 들어 부쩍 책을 많이 읽는 저를 위해 M이 안내한 곳은 북카페였어요. 비에 촉촉이 젖어 나무 외관이 더욱 빛난 '꿈꾸는 상자'가 바로 그곳이에요. 예쁘게 꾸민 동화 속 카페 같은 이곳은 커다란 인형이 인사하는 입구부터 마음을 설레게 하는 묘한 매력이 있어요.

3층으로 된 건물은 1, 2층이 카페고, 3층은 카페 주인의 살림공간이라 이모네 집에 놀러간 것처럼 편안하고 따뜻하더라고요. 빨간 조명이 천장에 매달려 있는 1층에는 책도 읽고 공부도 할 수 있는 커다란 탁자가 있어요. 조금 더 조용히 보내고 싶으면 2층으로 올라가는 게 좋아요. 나무계단을 따라 올라가면 한 면을 가득 채운 책장과 나무 냄새를 폴폴 풍기는 원목 테이블이 있는 또 다른 공간이 나와요. 빗방울 떨어지는 소리와 잔잔한 음악이 멋진 화음을 빚어내니 책장이 절로 넘어가네요.

이곳은 설레는 마음으로 자신의 꿈을 키워볼 수 있는 여유와 즐거움이 가득한 곳이죠. 저도 책을 읽으면서 미래의 멋진 모습을 상상하다가 행복함을 가득 안고 돌아왔답니다. 잠에 취해 침대에서 벗어나지 못하는 주말. 상쾌한 기분으로 꿈을 꾸는 공간, 아니 꿈을 꾸게 해주는 아름다운 공간 '꿈꾸는 상자'로 떠나보는 건 어떨까요?

비오는 날에도 꿈꾸는 상자에는 따뜻한 기운이 감돌았어요. 북카페답게 최근 베스트셀러를 잘 보이는 곳에 전시해놓았어요. 반대편에는 간단히 먹을 음식을 만드는 주방이 있고요.

여유로워 보이는 1층에 자리를 잡을까 하다가 카페지기들이 열심히 공부하는 모습을 지켜보기만 했어요. 천장에 매달린 붉은 조명이 귀엽게 빛을 뿜어내는 모습이 인상적이었어요. 그 아래에서 공부하는 카페지기들은 리포트도 재미있게 쓸 것 같더라고요.

1층을 벗어나 좁은 틈으로 이어진 계단으로 발길을 옮기다 커다란 창으로 보이는 정원과 계단 사이에 놓여 있는 앙증맞은 오토바이를 보니 발걸음이 가벼워졌어요. 1층에서 느낀 따스함이 남아 있어 즐거운 마음은 더욱 커져갔고요.

통유리창이 시원하게 느껴지는 2층은 도서관 같은 분위기를 풍겼어요. 은은하게 퍼지는 나무 향과 책이 가득 찬 책장이 어우러져 분위기가 1층과는 사뭇 달랐어요.

ㄱ자 모양인 책장에는 시집, 여행 책, 잡지, 최근 베스트셀러까지 다양한 책이 가득 꽂혀 있는데, 책장을 따라 천천히 걸음을 옮기며 꿈꾸는 상자에서 함께할 책을 고르는 재미가 있어 지루하지 않아요.

책이 빼곡히 꽂혀 있는 모습을 보니 괜히 뿌듯해지더라고요. 게다가 높이 있는 책을 꺼낼 때 쓰려고 사다리를 놓아두어 영화에 나오는 도서관 같다는 생각이 들었어요.

책장이 마주 보이는 곳에 만든 지 얼마 되지 않은 듯한 원목 테이블들이 놓여 있는데, 달콤한 나무 향이 났어요. 천장에 매달린 귀여운 조명이 테이블을 비추지만, 햇살 가득한 낮에는 조명이 따로 필요 없겠더라고요.

아침 일찍 서두른 탓에 출출해서 베이글과 차를 주문했어요. 따뜻한 빵에 버터를 발라 한입 베어 물며 꿈꾸는 상자를 만끽했답니다. 말 그대로 늘 꿈꾸던 주말처럼.

Let's Go

책장이 절로 넘어가 책을 반이나 읽었는데, M은 그 모습이 신기했는지 증
거로 남겨야 한다며 사진을 찍더라고요. 분위기에 취하고 책에 취해 일상은 까
맣게 잊은 행복한 시간이었어요.

책이 주는 마음의 선물과 꿈꾸는 상자가 주는 행복한 시간이 환상적으로 조화
되어 꿈같은 추억을 쌓을 수 있는 멋진 카페랍니다. 이번 주에는 따뜻한 분위기
로 감싸주는 꿈꾸는 상자로 여행을 떠나볼까요? 그곳에선 오늘도 서로 간직해
온 꿈이 자라고 있을 거예요. *Edited by* 

Book Cafe 02

책과 와인에 취해 바람도 머물다 가는 곳

창 밖을 봐, 바람이 불고 있어
하루는 북쪽에서 하루는 서쪽에서

Attractive air   ★ ★ ★ ☆ ☆
Attractive price   ★ ★ ★ ☆ ☆
Attractive interior   ★ ★ ★ ★ ☆
Attractive people   ★ ★ ★ ★ ☆
M's Score   99점(화창한 오전 햇살을 받으며 누워서 책을 읽
             는 상상이 현실이 되는 곳)
J's Score   98점(긴 여행을 끝내고 돌아와 편안히 쉴 수 있는
             내 집 같은 곳)

Today's Concept
M's 준비   오랜 시간 책 읽기 좋은 곳이니까 무슨 책을 읽을지 생각
            해보고 가는 게 좋아요.
J's 코디   2층은 좌식 공간이어서 편안하게 책을 읽을 수 있는 바지
            가 좋아요. 필요하면 노트북도 가져가면 좋고요.

M&J 지출 내역
단호박 샌드위치 : 7,000원
하우스 레드와인 : 5,000원

INFO
Tel   02-322-2356
Open   10:00~02:00(주말 10:00~04:00)
           * 10시에 문을 열지만 청소하는 시간이니 11시 이후에
             가세요.
Menu   커피&차 5,000~7,000원, 샌드위치 7,000원, 타코 메
           뉴 5,000원.
           그린카레 · 함박스테이크(명랑메뉴) 8,000원부터, 와인
           30,000원부터, 토마토 모차렐라 15,000원, 치즈모음
           20,000원, 샐러드 외 20,000원부터
Location   극동방송국 맞은편 세븐일레븐 골목으로 들어가 직진하다
           화로사랑이 나오면 좌회전 하여 직진(디자인 뮤지엄카페
           a스 맞은편)

갈 때마다 느끼는 거지만 홍대 앞은 살아 움직이는 줄기세포 같습니다. 소멸과 생성을 끊임없이 반복하며, 필요하지 않다 싶은 것은 재빨리 포기하고, 필요하다 싶은 것은 더욱 발전시키는 야생동물 같은 습성이 있는 줄기세포 말이지요. 변화 또한 어찌나 빠른지 글을 쓰는 이 순간 생각지도 못한 공간에 새로운 뭔가가 만들어져 오픈 날짜를 기다리고 있습니다. 첫머리부터 철학적인 얘기를 한 건가요.

요즘 들어 이런 생각을 많이 하게 된 건 사실이에요. 1995년 전후만 하더라도 오렌지족이니 뭐니 해서 돈 많고 생각 없는 사람들만 놀러가는 곳인 줄 알았던 홍대 앞. 지금은 예술과 학업, 가족단위의 피크닉 문화가 더해지면서 전 세계 어디와도 비교할 수 없는 독특하고도 실험적인 곳으로 발전했다고 생각해요.

오늘 소개할 곳도 그런 것들의 연장선에 있는 독특한 북카페예요. 이름이 어찌나 긴지 외우기도 힘든 '창 밖을 봐, 바람이 불고 있어 하루는 북쪽에서 하루는 서쪽에서'입니다. 앞으로는 '창 밖을 봐'라고 부를게요. 1층도 예쁘지만 하이라이트는 2층입니다. 이곳에 가서 느낀 건 고객 처지에서 생각하면 이런 멋진 아이디어로 돈을 벌 수 있구나 하는 것이었어요. 여러분은 집에서 책을 어떤 자세로 보나요? 전 늘 누워서 보거든요. 책상과 소파가 있어도 보통 방바닥에 엎드려 이불을 덮고 보잖아요. '창 밖을 봐'는 고객의 니즈를 충실히 따른 모범 사례라고 할 수 있어요. 제가 아는 한 북카페에서 처음 시도한 좌식 온돌 북카페입니다.

좌식 하면 대개 어두운 카페를 떠올리게 되잖아요. 하지만 이곳은 깨끗하고 환해서 마치 집에서 책을 보는 기분이 들 정도니까 사람들이 많이 찾는 것도 이해가 되지요. 이곳에는 일찍 가는 게 좋아요. 개장하고 한 시간이 채 되지 않아 좋

은 자리는 다 차거든요. 그럼 지금부터 '창 밖을 봐'로 여행을 떠나볼까요?

창 밖을 보는 요즘 추세로 보면 그리 특이한 건물은 아니지만 우선 간판이 범상치 않아요. 이름이 아주 길죠. 상호 때문에라도 기웃거리게 되는 곳 같아요. 우리도 상호를 보고 신기해서 들어가 본 곳이거든요. 홍대에 있는 많은 북카페 가운데 콘셉트나 분위기나 단연 최고라고 생각합니다.

이곳은 2층으로 되어 있는데, 1층은 와인바 성격이에요. 1층과 2층은 색깔이 전혀 다르다고 보면 되고요. 1층은 북카페 느낌이 덜하지요. 1층은 낮에는 사람이 별로 없지만, 저녁이 되면 와인을 마시려는 사람들이 많이 찾는답니다.

2층이 궁금해서 혼자 올라가 봤어요. 처음 방문했을 때 J와 저는 1층에 앉았거든요. 그랬는데 와우, 2층은 그 많은 곳을 돌아다녔어도 한 번도 본 적이 없는 독특한 콘셉트의 공간이었어요. 햇살을 듬뿍 받은 환한 실내에 깔끔한 가구들이 놓여 있어서 집에 있는 것 같았고, 겨울이었는데도 온돌 바닥 덕분에 얼마나 따뜻했는지 몰라요.

2층은 북카페 성격이 아주 강해요. 책의 종류와 수가 꽤 된답니다. 책이 많지 않았다면 북카페라기보다 앉거나 누워서 수다 떠는 그저 그런 장소가 됐을지도 몰라요.

목소리가 작은 여자아이 같다고나 할까. 딱딱한 도서관 분위기는 아니지만 정신없는 카페 분위기도 아닌 딱 중간쯤, 제가 바라는 이상적인 북카페였어요.

아무래도 서 있거나 의자에 앉아 있는 것보다 바닥에 앉거나 눕는 게 훨씬 느긋하고 편안한 것 같아요. 노트북으로 글을 쓰는 J나 만화책을 고르는 저나 무척 평화로워 보일 거예요. 우리는 이곳에서 네 시간쯤 놀았답니다. 배가 고파 주문한 와인과 샌드위치는 꽤 먹을 만했어요. 와인은 좀 취할 수 있으니 이미지를 관리해야 하는 분들은 음료수를 마시는 게 나을 것 같네요.

우리만의 아지트가 또 하나 생겼습니다. 그런데 인기가 많아 자리가 금세 차서 좀 아쉬워요. 홍대 근처에 놀러갔다가 한 번 들러볼까? 하고 가면 좋은 자리를 차지하기 힘들답니다. 창 밖을 보는 오히려 화창한 날 오전부터 작정하고 가서 책도 읽고 데이트도 하다가 다른 곳으로 가는 게 좋을 거예요. 멋진 데이트, 성공하길 바랍니다. *Edited by* Ⓜ

북 카페의 고정관념을 뛰어넘은 Book Bar

마녀, 늑대의 발톱에 빨간 매니큐어를 칠하다

M과 차를 타고 삼청동을 배회하면서 "저기는 뭐 하는 곳일까?" 하며 호기심을 갖게 된 곳. 외관이 하얀 귀여운 단층 건물에는 독특한 이름이 적힌 빨간 간판만 작게 매달려 있었어요. 가정집? 갤러리? 카페? 궁금증은 커져만 갔어요. 호기심을 억누르지 못하고 근처에 주차하고 가보았답니다.

가장 먼저 눈길을 끈 것은 빨간 간판에 적힌 이곳의 이름이에요. '마녀, 늑대의 발톱에 빨간 매니큐어를 칠하다.' 독특하다 못해 신기하기까지 한 이곳의 정체가 궁금해질 수밖에요.

문을 열고 들어가니 몽환적인 음악과 소곤소곤하는 목소리가 들렸어요. 와인을 즐기

기엔 이른 시간이지만 와인 잔을 기울이며 수다 떠는 사람도 있었고, 연인과 책을 읽으며 여유로움을 즐기는 사람도 있었어요. 그제야 삼청동을 진정으로 즐길 줄 아는 이들의 쉼터이자 책 한 권 읽을 여유가 있는 북카페 겸 와인 바인 걸 알았어요.

비밀 아지트 같은 이곳의 첫인상은 밝은 형광등 같은 느낌이 든다는 것이에요. 어두운 곳에 있다가 만나는 환한 빛 같다고 해야 할까요? 벽면 가득한 책장과 익살스런 체스판, 깔끔한 인테리어가 어우러져 경쾌함이 느껴지는 곳이에요.

하지만 '마녀'의 진가는 이제부터 발휘됩니다. 커다란 쿠션 위로 동그란 나무 테이블

이 놓인 좌식 공간이 푸근한 손길로 잡아끌면, 카페 안쪽으로 들어가 책을 읽으며 내 집 같은 편안함을 즐길 수 있거든요. 점심을 먹고 나른해진 오후, 연인과 머리를 맞대고 책장을 넘기는 낭만이 있는 곳. 바로 카페 마녀가 그런 즐거움을 만끽할 수 있는 곳이에요.

반복되는 데이트 코스가 지루한 분들은 책 한 권 들고 연인의 손을 잡고 마녀에 가보세요. 삼청동의 숨은 매력을 알게 될 테니까요.

처음 만나는 마녀는 모던한 느낌이 들어요. 하얀 벽에 월넛 가구들을 깔끔하게 정돈한 모습이 인상적이죠. 벽 한 면을 차지한 책장 역시 여백이 살아 있어 답답하지 않답니다. 카페지기 자리도 넉넉한데, 칠판에 그린 커다란 와인 잔과 촛불이 이곳 분위기를 대신 설명해주어요. 드문드문 보이는 아기자기한 소품과 멋진 체스판은 이곳의 매력을 한층 더 높여주고요. 쉽게 볼 수 없는 앙증맞은 체스판이 손님들의 장난감으로, 테이블 소품으로 제 구실을 다하고 있어요.

하지만 이런 밝은 느낌과 몽환적인 음악은 왠지 안 어울린다는 느낌이 들었어요. 왜 그런 걸까? 아치형 문을 넘어 카페 깊숙이 들어가 보니 그 이유를 금세 알겠더라고요.

바닥까지 늘어뜨린 커튼이 다양한 색을 뽐내며 분위기를 한층 더 고조시켜 몽환적이었어요. 거기다 편안하게 누워서 책을 볼 수 있는 좌식 공간까지. 입이 떡 벌어지더라고요.

좌식 자리는 세 개뿐이니 마녀에 갈 때에는 조금 서두르는 게 좋을 거예요. 우리는 운 좋게 좌식 공간에 앉았는데, 오후의 나른함을 맘껏 즐길 만큼 푸근했어요. 서로 방해되지 않게 커튼으로 잘 가렸기 때문에 편안한 자세로 책을 보더라도 창피할 일은 없으니 걱정하지

않아도 돼요.

좌식 공간 맞은편에 원색 쿠션과 편안한 소파, 각기 다른 모양의 테이블이 놓인 또 다른 공간이 있어요. 커튼으로 분리되어 은밀한 느낌이 들고, 독특한 조명 덕분에 어두움 속에서도 멋스러운 분위기가 저절로 만들어지지요. 설레는 데이트를 위해 치마로 단장한 날이라면, 푹신한 소파에 앉아 음악을 들으며 와인을 즐기는 것도 마녀의 매력을 느끼는 또 하나의 방법이에요.

햇살 따뜻한 날에는 마녀의 뒤뜰에 마련해놓은 자리도 꽤 멋스러울 것 같아요. 쌀쌀한 바람이 부는 날에는 좀 무리겠지만 따뜻한 날이라면 삼청동의 잔잔한 매력이 한눈에 보이는 야외 테라스도 욕심나는 자리가 될 거예요.

우리는 마녀의 분위기와 음악에 맞추어 와인을 맛보고 싶었지만 낮이라 주스와 주뗌므라는 과일 차를 주문했어요. 달콤한 향기가 입 안 가득 퍼지는 과일 차가 참 맛있었어요. 맛있는 과일이 작은 찻잔에 응축된 것처럼 부드럽고 상큼했어요. 마치 이곳에서 보내는 주말 오후의 멋진 시간처럼.

삼청동의 아기자기함을 그 어느 곳보다 잘 표현한 마녀는 색다른 시도와 편안한 분위

기로 여러분을 기다리고 있어요. 삼청동을 산책하다 궁금한 곳이 있으면 우리처럼 문
을 열어보세요. 그럼 멋진 마녀가 여러분을 맞이할 테니까요. *Edited by*

없는 책 빼고 죄다 있는 홍대 속 작은 서점

토끼의 지혜

Attractive air　★★★★☆
Attractive price　★★★★★
Attractive interior　★★★★☆
Attractive people　★★★★☆
M's Score　98점(도서관 부럽지 않은 북카페)
J's Score　97점(혼자 있어도 외롭지 않은 즐거운 토끼 집)

Today's Concept
M's 준비　수다스럽게 대화를 많이 나누기엔 너무 조용한 곳이니
영화 〈러브액츄얼리〉에서처럼 메모지를 준비해 글로 대
화하는 건 어떨까요?

J's 코다　귀여운 카페 이름에 걸맞게 모자 티에 짧은 청치마는 어
떨까요?

M&J 지출 내역
국화차 5,500원
아이스커피 5,500원

INFO
Tel　02-337-1457
Open　12:00~23:00
Menu　커피 5,000~8,000원, 베이글 세트 6,500원, 석류주
스 6,500원, 핫초코 · 녹차 · 허브차 · 국화차 5,500원
Location　홍대 극동방송국 앞 횡단보도 맞은편

문득 책을 읽고 싶었어요. 집을 떠나 분위기 좋은 곳에서 말이지요. 그렇다면 북카페가 제격 아니겠어요? 바로 J에게 연락했어요. 그랬더니 북카페 이름만큼이나 마음에 드는 곳이 있다며 가보자고 하더라고요. '토끼의 지혜.' 이름 예쁘죠? 동화에서는 토끼가 대개 지혜로운 동물로 나오잖아요. 그런 토끼의 지혜를 얻을 수 있는 곳이라면 기대해볼 만하다고 생각했답니다.

북카페 특성상 대학 주변에 편중된 건 어쩔 수 없더라고요. 하지만 토끼의 지혜는 기존의 북카페와는 좀 달라요. 북카페라면 '북' 보다는 '카페' 에 더 비중을 두잖아요. 차를 마시면서 얘기도 하고 책도 읽고 친구들도 만나는 곳. 그런데 이곳은 대학가라서 그런지 '북' 을 훨씬 더 강조했어요. 시험기간 같을 때 학생들이 많이 이용하는 것 같아요. 그래서 그런지 숙제하거나 공부하는 커플이 많았어요. 우리도 대화하고 사진을 찍기보다는 서로 읽고 싶었던 책을 보게 되더라고요. 오랜만에 책을 많이 보게 돼서 기분이 무척 좋았답니다.

그렇게 넓지 않은 공간에 책으로 꽉 찬 책장이 차분한 분위기를 연출한답니다. 거의 모두 새 책들이어서 홍대 근처에 산다면 하루에 한 번씩 왔을 것 같아요. 제가 책 욕심이 아주 많거든요. 새 책을 넘길 때 나는 냄새가 그렇게 좋을 수 없어요. 특히 내가 꼭 읽고 싶었던 책들이 모두 있어서 북카페 자격이 충분하다고 생각했습니다. 책은 대출도 해주더라고요. 이 또한 엄청난 장점 아닐까요?

홍대 입구에서 극동방송국 쪽으로 따라가다 보면 겉모습이 독특한 토끼의 지혜를 만날 수 있답니다. 생각 없이 인도를 걷다 보면 커다란 유리창을 사이에 두고 공부삼매경에 빠진 사람들을 볼 수 있어요. 그냥 길 가던 사람들도 "여기는 뭐 하는 곳이지?"라며

스타일과

기웃거릴 수밖에 없는 훌륭한 마케팅 기법이라는 생각이 들더라고요.

살짝 문을 열고 들어간 토끼의 지혜는 넓지 않은 공간에 테이블도 많아 옆 사람과 대화하는 데 방해받지 않을까 염려스럽지만 전혀 그렇지 않답니다. 앞에서 이야기했듯이, '북'에 비중을 두었기 때문이지요. 도서관으로 치면 오히려 간격이 넓은 편이에요.

이번엔 책에 관해서 얘기해볼까요? 토끼의 지혜 콘셉트는 아예 도서관처럼 가려 했다는 느낌이 강합니다. 보통 북카페들은 장르에 따라 분류해놓아도 결국 책들이 여기저기 섞이게 마련인데, 이곳은 제가 가본 곳 가운데 가장 체계적이고 세세하게 분류되어 있답니다.

특히 책장을 A, B, C, D로 구분하여 A는 스타일과 트렌드, B는 성공과 비전, C는 교양과 예술, D는 휴식과 여유로 나누었고, 책장과 책장 사이에 A, B, C, D 책장의 위치를 알기 쉽게 만든 것은 토끼의 지혜가 고객을 얼마나 세심하게 배려했는지 말해주는 부분입니다.

칭찬 한 가지 더 해볼까요? 토끼의 지혜 또한 요즘의 북카페와 마찬가지로 무선 인터넷이 가능해서 노트북을 편하게 쓸 수 있답니다. 그런데 노트북을 쓰려면 마우스 때문에 불편하잖아요. 여기서는 그런 걱정을 할 필요가 없어요. 마우스를 준비해두어서 꽂아 쓰기만 하면 되거든요. 휴대전화 충전기도 있고 심지어 연필도 있답니다. 또 작은 자판을 싫어하는 사람들을 위해 키보드도 구비했어요. 이만하면 그 누구라도 감동받겠지요?

토끼의 지혜라는 이름이 마음에 들기는 했지만 안에 실제 토끼가 있을 줄은 상상도 못했는데, 사진도 찍고 책도 읽다보니 큰 토끼가 한 마리 보였어요. 제가 이곳에서 또 마음에 든 것이 바로 토끼를 그린 문이에요. 공간이 좁

은데도 깔끔하면서 독특한 문 덕분에 좀더 고급스러운 느낌이 든다고 할까요.

J의 추천으로 가본 토끼의 지혜가 우리 집 근처에 있으면 얼마나 좋을까 할 만큼 마음에 들었답니다. 취향에 따라 다르겠지만 애인과 이곳을 방문한다면 애인이 여러분을 다시 보게 될지도 몰라요. 애인이 책 읽는 모습을 본 사람은 많지 않을 텐데, 책을 열심히 읽는 사랑하는 이와 독서삼매경에 빠져보는 건 어떨까요? *Edited by* Ⓜ

Book Cafe 05

마음을 유혹하는 테라스의 꽃과 커피향

The Coffee Bean & Tea Leaf

Attractive air ★★★★★
Attractive price ★★★★
Attractive interior ★★★★★
Attractive people ★★★★★
M's Score 99점(데이트도 하고 공부도 하는 압구정 약속 장소 1순위)
J's Score 98점(커피빈의 진화)

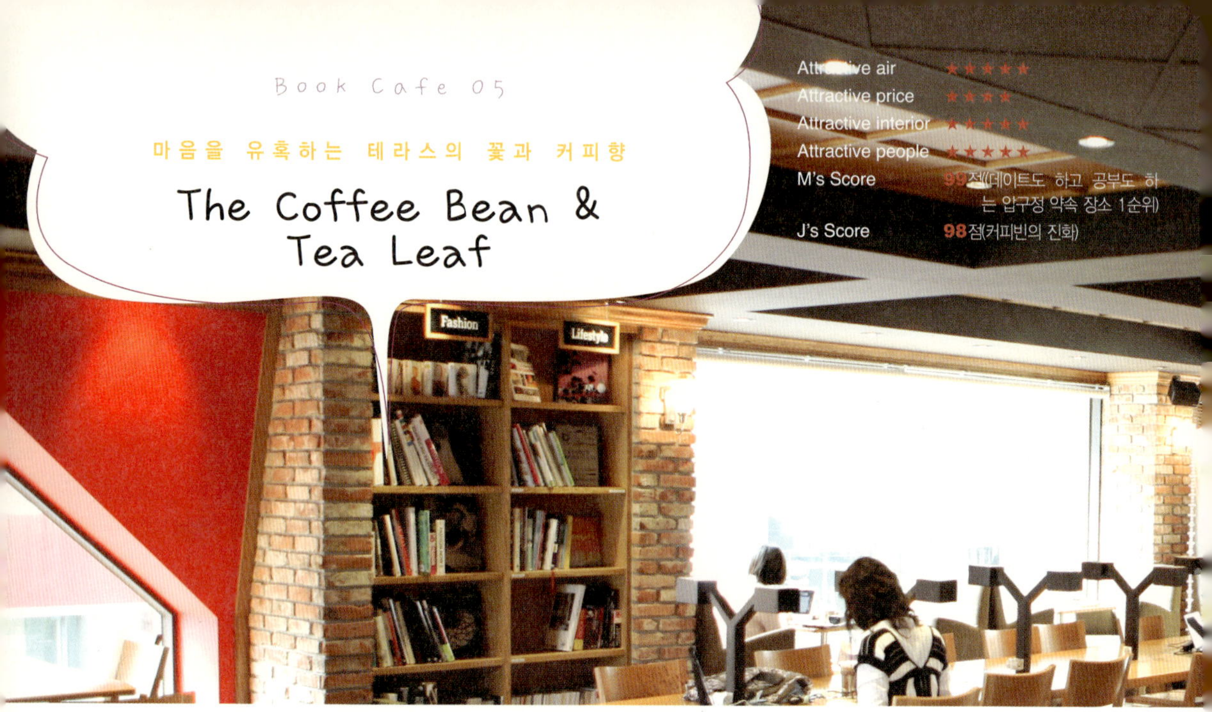

압구정 로데오거리는 패션 중심지답게 독특하고 고급스러운 카페가 많아요. 빠르게 변하는 유행에 맞추어 변신하는 곳이 많기 때문에 압구정에 가면 신선함과 화려함을 늘 느낄 수 있답니다. 하지만 사람들로 북적이기 때문에 조용히 있을 곳은 그다지 많은 편이 아니에요. 시끌벅적하고 생기발랄한 압구정에서는 조용한 분위기에서 책을 읽는 여유가 그리운 추억이 되었어요.

이런 사람들의 마음을 알아챈 걸까요? 압구정 로데오거리에 있는 '커피빈'은 한 층을 북카페로 만들어 색다른 압구정 문화 만들기에 도전했어요. 도서관 같은 조용함이 느껴지는 이색 카페라고 보면 될 거예요. 차별화된 고객관리와 북카페 분위기 관리를 위해 멤버십 카드가 있는 회원만 이용할 수 있게 운영방침을 정했어요. 그 덕분에 조용함이 확실하게 보장되어 시험을 앞둔 대학생부터 밀린 업무를 처리하는 직장

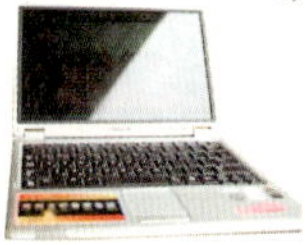

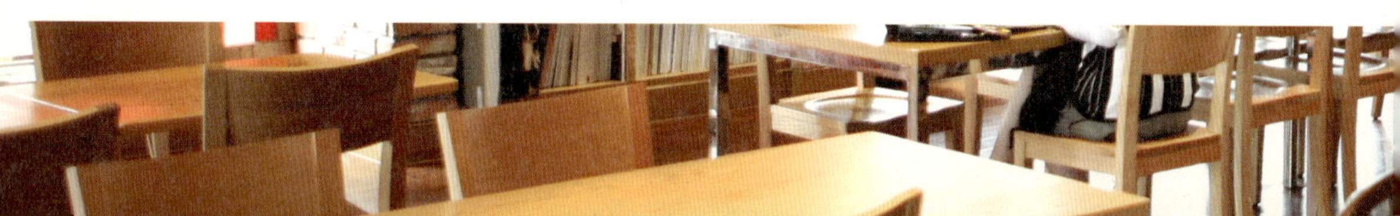

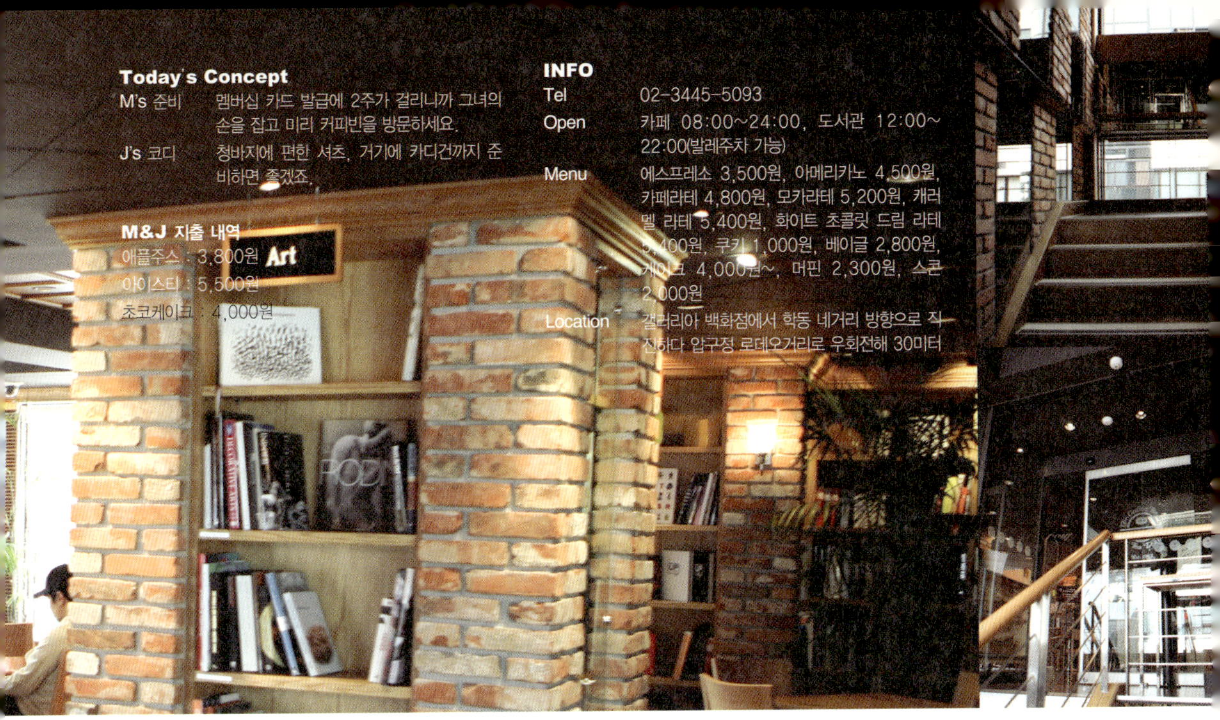

Today's Concept

M's 준비 — 멤버십 카드 발급에 2주가 걸리니까 그녀의 손을 잡고 미리 커피빈을 방문하세요.

J's 코디 — 청바지에 편한 셔츠, 거기에 카디건까지 준비하면 좋겠죠.

M&J 지출 내역

애플주스 : 3,800원
아이스티 : 5,500원
초코케이크 : 4,000원

INFO

Tel	02-3445-5093
Open	카페 08:00~24:00, 도서관 12:00~22:00(발레주차 가능)
Menu	에스프레소 3,500원, 아메리카노 4,500원, 카페라테 4,800원, 모카라테 5,200원, 캐러멜 라테 5,400원, 화이트 초콜릿 드림 라테 5,400원, 쿠키 1,000원, 베이글 2,800원, 케이크 4,000원~, 머핀 2,300원, 스콘 2,000원
Location	갤러리아 백화점에서 학동 네거리 방향으로 직진하다 압구정 로데오거리로 우회전해 30미터

인에게까지 인기가 높아지고 있어요. 우리도 매장을 방문해 멤버십 카드를 신청하고 2주 뒤부터 이용할 수 있었는데, 시끄러운 음악 대신 책장 넘기는 소리와 노트북 자판 두드리는 소리가 경쾌한 이곳의 매력에 빠져들었답니다.

북카페답게 다양한 장르의 책도 구비했는데, 관심 있는 책을 신청하면 갖춰놓는답니다. 또 도서 장르별로 책장을 구분해놓아 책을 손쉽게 찾을 수 있습니다. 소란스러운 동네 도서관이나 사람들로 꽉 찬 학교 도서관 대신 압구정의 번화한 거리에서 즐기는 북카페 데이트. 이른 아침 주스 한 잔에 책 읽는 재미까지 더해져 연인들의 데이트 장소로 인기가 높아지겠죠?

커피빈 로데오 점은 4층 건물로 되어 있어요. 들어서자마자 계단을 따라 4층으로 올라가면 커피빈의 북카페를 만날 수 있지요. 멤버십 카드가 있는 사람만 출입할 수 있게 카드 리더가 설치되어 있답니다.

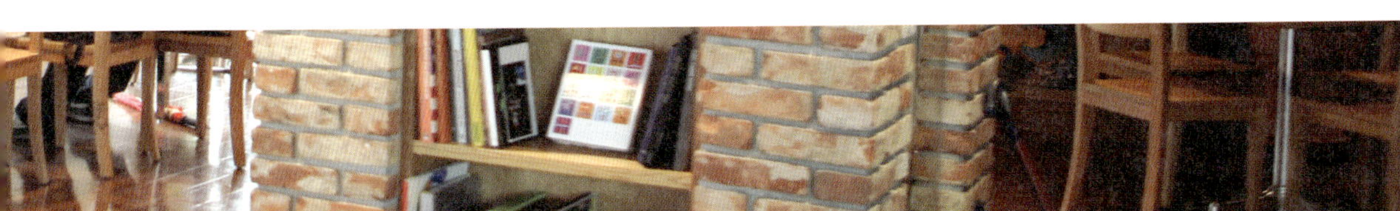

문을 열고 들어서면 탁 트인 북카페가 한눈에 들어오는데, 원목 테이블과 마루, 붉은 벽돌로 만든 책장까지 어느 것 하나 정성을 들이지 않은 게 없어요. 커피 전문점에 있는 북카페이지만 독립적인 카페로 활용해도 될 만큼 분위기나 시설이 완벽해요.

편안하고 아늑한 공간이라서 그런지 이른 시간부터 공부에 열중하는 사람도, 노트북으로 밀린 작업을 하는 사람도 있었어요. 친구끼리 여행 계획이라도 세우는지 의견을 주고받는 사람들도 있었지요. 음악을 틀어놓지 않아 고요하지만 무언가에 집중하는 사람들의 모습이 멋지게 어우러지는 생기 넘치는 공간이라는 생각이 들었어요.

북카페 곳곳에는 조명을 받아 더욱 사랑스럽게 느껴지는 책장들이 있는데, 책을 주제별로 구분해놓았기 때문에 관심분야의 책을 찾기는 어렵지 않아요. 게다가 책장마다 어떤 종류인지 이름표가 있어 사서의 도움 없이도 원하는 책을 고를 수 있어요. 아직은 책장에 공간이 보이지만, 고객이 신청한 서적을 구비하기 때문에 곧 꽉 차게 될 거예요. 예술서적이 많아 신난다더니 M은 책장을 여기저기 돌아보며 책을 골랐어요. 그러곤 카페에 있는 내내 책에 푹 빠져 무척 즐거워하더라고요.

저는 밀린 원고를 정리하려고 노트북을 가져갔는데, 조용해서 그런지 글이 더 잘 써지는 것 같았어요. 압구정의 활기찬 모습이 내려다보이는 창가에서 따뜻한 햇살과 함께 보내는 시간은 천국에 온 듯 행복했답니다.

4층에 있어 햇빛이 잘 들어오는 카페는 눈이 부시지 않을 만큼 적당히 채광하려는 듯 창틀을 붉은색으로 꾸며 더욱 멋졌어요. 그 덕분

에 심심할 것 같은 분위기에 밝은 기운도 감돌고, 전망은 물론 따뜻한 햇살을 한 몸에
받을 수 있어 창가 쪽이 인기가 높지요.

점심식사 전이라 맛있는 음료와 케이크로 배고픔을 달랬어요. 간단하게 요기도 할 수 있
고 주스를 마시며 잠시 쉴 수도 있으니 북카페의 매력은 모두 갖추었다고 할 수 있지요.

압구정 한복판에서 즐기는 여유 있는 시간, 조용한 분위기. 북카페가 압구정에 있으니 어울리지 않는다고 여길 사람도 있겠지만 무엇이든 열심히 하는 젊은이들에게 압구정 커피빈 북카페는 새로운 데이트 장소로 각광받으리라 확신해요. 사랑의 크기를 더해가고 싶다면, 연인의 손을 잡고 압구정 커피빈으로 데이트를 떠나보는 건 어떨까요. *Edited by* 

삶을 더욱 풍요롭게 채워주는 여유로움과 아늑함

잔디와 소나무

Attractive air ★★★
Attractive price ★★★
Attractive interior ★★★★
Attractive people ★★★★

M's Score **97**점(북카페 대형화로 새로운 변신)
J's Score **97**점(좋은 생각이 만들어낸 지적인 카페)

Today's Concept
M's 준비　바로 옆에 TGI가 있으니, 식사는 바로 해결되겠죠.
J's 코디　모던한 분위기에 맞게 커플끼리 흰 셔츠를 입어보세요.

M&J 지출 내역
오늘의 토스트+아메리카노 : 6,000원
친환경 딸기주스 : 3,800원

INFO
Tel　　　 02-330-0333
Open　　 09:00~11:00
Menu　　 하우스커피 3,000원, 카푸치노 3,500원, 아이스아메리
　　　　 카노 3,500원, 카페모카 4,300원, 아이스그린라테
　　　　 4,300원, 그린라테파르페·모카파르페 4,700원, 생과
　　　　 일주스 5,000원, 케이크 4,500원, 토스트+아메리카노
　　　　 커피 6,000원, 핫도그+아메리카노 커피 7,000원, 호박
　　　　 죽 5,000원, 커피 3,500~4,500원, 친환경 병주스
　　　　 3,800원, 과일주스 5,500원
Location　홍대입구역 1번 출입구로 나와 청기와 주유소에서 우회전
　　　　 하여 직진, TGI Friday's, LG 휘센 건물 지나 오른쪽

벌써 3년이 지났나요? J와 제가 호감을 느낄 무렵이었을 거예요. J와 함께 좋은 곳을 가고 싶은데, 카페를 소개하는 책이나 블로그가 많지 않았답니다. 그래서 신문이나 잡지에서 카페나 레스토랑, 갤러리를 소개해주는 기사를 스크랩하기도 했지요. 그러다가 '잔디와 소나무'를 알게 되었어요. 당시 소개 기사에는 사진이 한 장 있었는데, 그 사진을 보고 무척 가보고 싶었고, 그때 '아, 보기만 해도 사람들이 가고 싶어 하는 사진을 찍고 싶다'고 생각했던 것 같아요. 이렇게 책에 실을 정도의 사진을 찍게 된 계기가 바로 잔디와 소나무였을지도 모르겠네요.

그때 J에게 꼭 가자며 기사도 보여주었는데, 이럭저럭 가지 못하고 3년이 흘렀습니다. 하지만 한번 마음먹으면 해야 하는 성격이라 벼르고 벼르다 비로소 잔디와 소나무에 가게 됐어요. 3년이나 지났지만 꿈을 잠시 연기했을 뿐 포기하진 않았으니까 다시 갈 수 있었던 거랍니다.

일요일 아침, 소풍 가는 아이처럼 어찌나 두근대던지. 홍대에 있지만 홍대와 반대편인 청기와주유소 쪽이라서 사람이 많지 않을 줄 알았어요. 그런데 일요일 11시가 채 되지도 않았는데 벌써 사람들이 많았어요. 인기가 얼마나 많은지 대충 짐작이 가더라고요.

그럴 수밖에 없는 분위기랍니다. 북카페 하면 작은 공간이 생각나지요? 저도 그래요. 북카페는 아무리 대형화되어도 스타벅스나 커피빈이 될 수는 없으니까요.

그런데 잔디와 소나무는 북카페와 커피빈의 중간쯤이라고 보면 될 것 같아요. 북카페라고 하기엔 대형이고, 커피체인점이라고 하기엔 소박한 분위기라고 할까. 커피체인

점처럼 셀프서비스에다가 손님들이 무엇을 해도 그냥 편하게 놔두는 특유의 대형 체인점 문화가 자리 잡히다 보니 중년 손님도 꽤 많았습니다. 대형 체인점이 성공한 이유가 바로 중년층까지도 끌어안는 편안한 마케팅 기법을 구사한 것이었거든요.

잔디와 소나무도 그런 시스템을 도입했으니 많은 사람에게 인기가 있는 건 당연하겠지요. 많이 알려져서 예전의 조용한 분위기가 퇴색되었다고 안타까워하는 분도 있던데, 이런 독특한 문화도 자연스레 발생한 것 아닐까요? 저는 나름대로 괜찮다고 생각했답니다.

본격적으로 잔디와 소나무를 소개할게요. 전체적인 색은 베이지와 옅은 갈색이 어우러진 나무 색깔이에요. 의자와 테이블, 천장의 조명, 마룻바닥, 주방까지 대형 커피체인점 같은 느낌이 강하지요. 그러나 우리는 잔디와 소나무는 좋지만 대형 커피체인점은

좋아하지 않는답니다. 대형 체인점은 너무 시끄럽잖아요. 잔디와 소나무가 대형화되었다 하더라도 근본은 북카페입니다. 북카페의 필요조건이 바로 조용함 아니겠어요? 우리 커플처럼 시끄러운 거 싫어하는 사람들은 북카페와 궁합이 잘 맞는 것 같아요.

북카페니까 책 이야기를 좀 해볼까요? 이곳은 공간에 비해 책이 많지 않아요. 책장은 아주 크지만 한 권씩 진열한 것이 많아서 양은 적답니다. 자기계발과 관련된 책들이 많아요. 사람의 손을 거친 낡은 책도 많고요. 그래도 도서관 책보다 훨씬 깨끗하니까 걱정 없어요.

잔디와 소나무의 또 다른 특징은 출판사 '좋은생각'에서 나온 책들을 할인 판매하는 것입니다. 카운터 앞에 진열해놓은 책들을 파는데, 저도 50퍼센트 할인해서 두 권 샀어요. 두 권에 7,900원. 운수 좋은 날이죠. 재미있게 읽고 있답니다.

잔디와 소나무가 주는 다른 선물은 족욕 시설입니다. 지금이야 닥터피시라고 해서 카페들이 앞 다투어 족욕 시설을 들여놓았지만 이곳이 생길 때만 해도 획기적인 아이디어였답니다. 그 기사를 읽고 깜짝 놀랐으니까요. 책을 읽다가 지치면 자리에서 일어나 족욕기에 발을 담그고 피로를 푼다는 발상이 얼마나 참신하던지. 닥터피시처럼 남이 쓴 물에 발을 담그는 게 아니라 새 물을 받아 담그니까 훨씬 청결하겠죠?

서둘러 가느라 아침밥을 못 먹었기에 아침 메뉴를 골라봤습니다. 배가 고파 그랬는지 몰라도 꽤 든든하게 먹은 기억이 나네요. J도 좋은 북카페를 발견했다고 신나했답니다. 카메라를 들이대면 열심히 읽는 척하는데, 오늘은 장난 가득한 얼굴이네요.

오랜만에 옆 사람 눈치 보지 않고 J와 재미나게 놀았습니다. 좋은 책도 싸게 사서 좋았고. 앞으로 잔디와 소나무를 지나칠 기회가 있으면 달려가서 좋은 책을 구경하고 사올 생각입니다. 개인적인 바람은 잔디와 소나무가 얼른 다른 곳에 체인점을 냈으면 하는 겁니다. 이렇게 멋진 곳이 우리 집 근처에 있으면 얼마나 좋을까요. 홍대 근처에 사는 사람들을 부러워한 하루였답니다. *Edited by* 

Book Cafe 07
신촌에서 만난 아이비리그에서
사랑을 속삭이다
프린스턴 스퀘어
PRINCETON SQUARE
Attractive air ★★★★☆
Attractive price ★★★★☆
Attractive interior ★★★★☆
Attractive people ★★★★★
M's Score 96점(분위기에 취해 독서에 열중하게 되는 곳)
J's Score 96점(아이비리그 대학 도서관이 부럽지 않은 곳)
Today's Concept
M's 준비 MP3 플레이어를 가져가는 건 어떨까요? 책만 보면 심심할 수도 있거든요.
J's 코디 아침 일찍 가려면 카디건을 챙겨가세요. 열심히 공부하는 티를 내기 위해 뿔테 안경이 좋겠죠?
M&J 지출 내역
레몬차 : 6,000원
커피 : 6,000원
INFO
Tel 02-393-5171, 02-363-3410
Open 10:00~23:00
Menu 커피 5,000~7,000원, 고구마라테 7,000원, 유자차 6,500원, 레몬차 6,000원, 차 6,000~7,000원
Location 이대후문 맞은편 제시카 피자리아에서 금화터널 쪽으로 50미터 직진하여 처음 나오는 골목 왼쪽

J와 볼 일이 있어 신촌에 갔다가 그냥 집에 가기가 아쉬운 거예요. 그렇다고 아무 곳이나 들어가고 싶지는 않고. 이럴 줄 알았으면 좋은 카페를 검색하고 올 걸 하고 후회막심이었답니다. 그때 번개처럼 스치는 곳이 있었으니 1년 전에 점찍어뒀던 '프린스턴 스퀘어'였습니다.

작년 이맘때 이화여대 후문에 있는 레스토랑에 갔다가 근처에 있는 북카페를 보게 되었지요. 작년까지만 해도 북카페가 지금처럼 카페 트렌드로 자리 잡지 못할 때였는데, 밖에서 보기만 해도 하버드 대학이나 스탠퍼드 대학에서나 볼 법한 인테리어가 마음에 쏙 들더라고요. 언젠가 한 번 가봐야지 했는데, 1년이 지나서야 그 꿈을 이루었네요.

말씀드린 것처럼 외국 유명 대학 도서관은 이렇게 생겼겠네 하고 생각하게 만드는 곳이에요. 진한 갈색 원목 책장들이 한쪽 벽면을 가득 채웠는데, 천장이 높아 그런 느낌이 한층 더 강한 것 같아요. 게다가 테이블 배열은 요즘 트렌드와 다르게 1980년대에나 유행하던 것이더라고요.

촌스럽다는 건 아니고 그만큼 프린스턴 스퀘어가 추구하는 콘셉트와 방향이 잘 맞아떨어진다는 얘기예요. 이곳은 이런 콘셉트에 충실하게 공부하는 학생이 많이 찾아요. 우리도 아침 일찍 갔는데, 그 시간에도 혼자 공부하러 온 학생이 몇 명 있었어요. 그렇다고 앞에서 소개한 '토끼의 지혜'처럼 조용한 분위기를 바라는 건 무리일지도 모르겠어요. 토끼의 지혜는 공간이 작아서 대화를 나눠도 주위에 방해가 될 것 같은데, 이곳은 카페 공간이 아주 넓고 테이블도 옆 사람에게 방해받지 않게 놓여 있어 '북'과 '카페'가 절묘하게 공존한다는 느낌이 들었어요.

카페 곳곳에 보이는 물건들은 학생들의 편의를 위한 것이라는 걸 알겠더라고요. 학원

PRINCETON
square
COFFEE & DRINKS
WITH BOOKS
PRINCETON SQUARE

PRINCETON SQUARE

에서나 볼 법한 화이트보드가 있고, 지하에는 학생들을 위한 세미나 룸이 있었답니다. 우리가 갔을 때는 이른 아침이라 개방하지 않아서 들어가 보지는 못했지만 이런 것만 보더라도 대학생들에게 꽤 인기 있는 북카페가 틀림없을 거라고 생각했습니다.

J와 함께 1년 전 그곳으로 다시 가는 길이어서 그때 얘기도 하면서 재미있게 보낼 수 있었어요. 프린스턴 스퀘어는 여전히 그 자리에 있었어요. 그때 기억으로는 훨씬 컸던 것 같은데, 생각했던 것만큼 크지는 않았어요. 그래도 대학가란 걸 감안하면 아주 큰 북카페에 속한답니다.

프린스턴 스퀘어는 두 공간으로 나눌 수 있습니다. 칸막이로 나누는 건 아니고, 공간이 ㄱ자 모양이기 때문에 자연스럽게 그렇게 나눠진답니다. 아침 일찍 갔는데도 좋은 자리에는 먼저 온 사람들이 있어서 사람이 없는 곳에 앉았어요. 하지만 우리가 앉은 곳은 바로 옆에 카운터가 있고, 책들도 반대 공간에 훨씬 더 많아서 방해받지 않고 책을 읽고 싶으면 왼쪽이 더 나아요. 여러분은 입구에서 왼쪽으로 가서 앉으세요.

왼쪽 공간을 구경해볼게요. 정말 하버드나 스탠퍼드 도서관이 이렇게 생기지 않았을까 싶어요. 창이 통유리로 되어 있어 아침 햇살을 받으며 책도 읽고 데이트도 하니까 기분이 한결 좋아지더라고요. 이곳은 테이블 사이가 좁고 테이블 수도 많아요. 공부하러 온 학생들을 배려한 공간 같습니다. 아침 일찍부터 공부하는 학생들이 꽤 있는 걸 보면 오후에는 혼자 오는 학생이 많을 것 같아요. 혼자서 가기에 전혀 부담스럽지 않은 곳이라는 생각이 들거든요. 그만큼 편안하고 아늑해요.

프린스턴 스퀘어에 있는 책을 말씀드리자면, 이 부분이 아쉬운 대목인데, 프린스턴 스퀘어가 오래된 곳이다 보니 책들도 그만큼 연륜(?)이 있어서인지 좀 낡은 책이 많아요. 새 책을 워낙 좋아하는 저는 그랬다는 거지요.

그렇다고 요즘 책들이 없냐 하면 그건 또 아니랍니다. 제가 보고 싶었던 새 책은 거의 다 있더라고요.

계단을 따라 내려가면 세미나 룸이 나오는데 아직 열지 않았다고 하여 그냥 돌아왔습니다. 프린스턴 스퀘어 입구에 있는 물건들은 대학가에서나 봄직한 것들이에요. 이곳의 주인장은 외국 유명 대학을 나온 사람일 것 같아요. 그곳 도서관을 본떠서 이런 것들을 만들지 않았을까요?

프린스턴 스퀘어 소개를 마칠까 합니다. 북카페를 돌아다니면서 늘 아쉬운 점은 '좀더 시간이 있었으면' 하는 겁니다. 북카페는 다른 곳과 달리 잠깐 들렀다 가기엔 늘 시간이 짧아요. 이왕 북카페에서 데이트하기로 했다면 반나절쯤 투자하겠다는 마음으로 가야 훨씬 알찬 시간을 보낼 수 있을 거라는 생각이 드네요. *Edited by* Ⓜ

REST ROOM
PRINCETON SQUARE

유럽의 시골에서 즐기는 와인 한 잔과
와인 책 한 권의 여유

와인북카페

압구정 안세병원 사거리에 있는 '와인북카페'는 소박한 유럽 모습과 많이 닮았어요.
조용하게 와인을 즐기고 다양한 와인 관련 서적을 읽을 수 있는 와인 천국 같은 곳이
죠. 한번 가보고는 그 매력에 푹 빠져 빨리 소개하고 싶었지만 와인 바로 분류할지, 북
카페로 분류할지 고민하다가 이제야 소개하네요. 압구정에 있기는 하지만 삼청동 분
위기가 물씬 풍기는 이곳은 싸고 다양한 와인과 맛있는 음식, 와인에 관한 책을 골라
보는 장점이 있어 꾸준히 사랑받고 있어요.

Attractive air	★★★★☆
Attractive price	★★★★☆
Attractive interior	★★★★☆
Attractive people	★★★★☆ 알파
M's Score	**97**점(친절한 사람에게 기분 좋게 취할 수 있는 곳)
J's Score	**99**점(포도밭으로 둘러싸인 유럽의 따스함을 닮은 곳)

Today's Concept

| M's 준비 | 와인 책 중 로버트 파커에 관한 책이 제일 먼저 눈에 띄었어요. 말 한마디에 세계 와인시장이 들썩거린다는 로버트 파커에 대해 공부하는 센스. |
| J's 코디 | 와인과 어울리는 로맨틱한 의상을 준비해보세요. 메이크업까지 자연스럽게 한다면 더 완벽할 거예요. |

M&J 지출 내역

카페라테 : 5,000원

핫초코 : 4,500원

INFO

Tel	02-549-0490
Open	11:30~15:00, 17:00~02:00
Menu	런치세트 10,000~15,000원, 토마토 스튜 30,000원, 샐러드 10,000~16,000원, 치즈와 과일 19,000원, 쇠고기 요리 41,000원, 이탈리아 만두 요리 20,000원, 커피&차 4,000~6,000원
Location	안세병원 사거리 SK주유소 옆 골목으로 들어가 왼쪽

가지런히 정리되어 있는 와인 잔이 정겹고 와인 향에 취한 듯 울리는 음악은 와인북카페의 또 다른 매력인데, 그 매력에 빠지다 보면 어느새 와인북카페의 팬이 되고 만답니다. 와인북카페에서 인기 있는 곳은 와인 서적이 가득한 책장이에요. 만화책부터 잡지까지 다양하게 구비해놓아서 와인에 조금이라도 관심이 있는 분들은 꽤 멋진 시간을 보낼 수 있을 거예요. 와인 공부를 시작한 지 얼마 안 된 우리도 이곳에서 여러 책을 읽으면서 새로운 상식을 많이 알게 되었어요. 향긋한 와인의 매력과 북카페의

여유로움이 멋지게 어우러진 곳. 소박한 음식을 내놓는 주방장의 따뜻한 정이 살아 있는 와인북카페. 압구정의 숨은 매력으로 자리 잡은 그곳에 연인과 와인 한잔 하러 가는 건 어때요?

일부러 찾아가지 않으면 쉽게 찾을 수 없을 만큼 눈에 띄지 않는 곳에 있는 와인북카페. 화려하고 모던한 카페들이 들어찬 압구정에 있다고는 상상할 수 없을 만큼 소박한 곳이죠.

나무문을 열고 들어가면 오래된 가게 느낌? 아니 푸근함이 마음을 편하게 해줘요. 오랫동안 단골이었던 곳을 세월이 흐린 뒤 찾아간 반가움 같은 것도 느껴지고요. 오래전부터 알고 지내던 곳 같은 친숙함에 괜히 기분이 좋아져요.

창문 너머 풍경은 꿈에 그리는 시골 모습은 아니지만 와인북카페만의 매력은 직접 보지 않은 분들은 모를 거예요. 거기다 목재로 만든 단조로움을 피하기 위해 카페 곳곳에 칠

판이 있는데, 그곳에 그려진 귀여운 그림은 와인북카페에 생기를 불어넣는답니다.

단체 손님을 위한 넓은 좌석도 있고, 서로 방해받지 않게 파티션도 있어 주말에는 점심을 먹으며 와인을 즐기려는 사람들이 꽤 많이 찾아오지요. 값도 싸고, 와인 바의 느낌을 살려 칠판에 그려놓은 그림과 문구를 보는 것만으로도 재미가 느껴지니까요.

여느 와인 바처럼 가지런하게 정리된 와인 잔은 또 하나의 멋진 소품인데, 나무 선반 아래 줄 맞추어 매달려 있으니 크리스털 보석 같았어요. 거기에 시선을 잡아끄는 환한 촛불과 오래되어 소리조차 나지 않을 것 같은 관악기는 와인북카페의 빈티지 느낌을 한층 고조시킨답니다.

와인 바에서 빼놓을 수 없는 와인 셀러! 처음 카페를 둘러볼 때 전문 와인 바치고는 셀

59

러가 작아서 실망했어요. 하지만 와인 셀러 옆 창이 달린 문 안에 거대한 와인 창고가 있더라고요. 고객에게 가장 맛있는 와인을 대접하기 위해 철저하게 관리하는 주인장의 세심한 배려에 감탄이 절로 나왔어요.

그럼 와인북카페의 야심작인 책장을 구경해야겠지요? 와인 서적이 가득한 책장은 두 군데에 있어요. 카운터 옆에는 잡지를 중심으로 원서들이 있고, 카페 중간에서 큰 키를 자랑하는 책장에는 『신의 물방울』이라는 만화책부터 초보자도 쉽게 볼 수 있는 와인 책까지 다양하게 구비되어 있어요.

베스트셀러부터 평소에 관심을 갖지 못했던 와인 관련 책이 많아서 와인을 처음 공부하는 사람이라도 쉽게 읽으며 친숙하게 다가갈 수 있어요. 가지런히 정리된 책장에서 원하는 책을 고르는 것도 꽤 흥미롭고요!

저는 한동안 보지 못했던 와인 관련 책에 빠져 시간 가는 줄 몰랐는데요, 현재 연재되는 『신의 물방울』이었어요. 제가 이 만화를 보고 와인에 관심을 갖게 되어 그 어떤 책보다 정독하는 편이거든요. 잘생기고 멋진 남자 주인공의 외모가 주된 관심사지만요.

혹시 와인에 익숙하지 않거나 이른 시간이라 와인을 마시기 부담스러우면 다른 북카페처럼 커피나 따뜻한 코코아를 시켜놓고, 평소 접하기 어려웠던 와인책 읽는 재미에 푹 빠져보는 건 어떨까요? 와인과 북카페의 환상적인 하모니가 유혹하는 곳. 사랑하는 연인과 맛있는 와인 파티 하러 가보세요. *Edited by* 🅣

Book Cafe 09
예술과 카페가 만나면?
타셴

Attractive air   ★★★★☆
Attractive price   ★★★★★
Attractive interior   ★★★★
Attractive people   ★★★★☆
M's Score   97점(Art in 대학로)
J's Score   98점(멋진 예술가의 삶을
                      꿈꾸며)

Today's Concept
M's 준비   연극이나 뮤지컬 표 예매를 잊으면
           안 돼요.
J's 코디   대학로의 자유분방함과 아트북카페
           타셴의 분위기에 맞게 컬러풀한 의
           상을 추천해요.

M&J 지출 내역
타셴 샌드위치 : 7,000원
파인주스 : 8,000원

INFO
Tel   02-3673-4115
Open   11:30~02:00
Menu   샌드위치+샐러드 또는 수프 7,000~8,000
           원, 토스트+샐러드 또는 수프 6,000~
           7,000원, 오늘의 수프 3,000원, 커피
           5,000~7,000원, 과일주스 8,000원, 차
           6,000원, 소다 5,000원, 코코아·그린티
           관련 음료 6,000~8,000원
Location   혜화역 1번 출입구 하겐다즈 뒷골목으로 직진

혹시 아트북이라는 말을 들어보셨나요? 쉽게 설명하면 화려한 올 컬러에 하드커버 책으로, 주로 사진이나 미술 관련 책들이 많아요. 대충 감이 오나요? 네, 맞아요. 일종의 화보집이라고 보면 좀더 쉽겠네요. 그런 책을 많이 내는 출판사가 바로 독일의 유명 출판사 '타셴' 입니다.

오늘 소개할 타셴은 바로 타셴출판사의 책을 비치해놓은 대학로의 유명한 북카페랍니다. J와 연극도 볼 겸 나들이 갔던 대학로에서 눈에 띄는 간판을 발견한 거지요. 타셴출판사는 예전부터 알았고 좋아하기 때문에 혹시 무슨 관련이 있나 해서 들어가 본 거예요. 아니나 다를까, 문을 열자마자 눈앞에 타셴 책들이 수북이 진열되어 있더군요. "이런 출판사도 알아?" 하며 놀라는 J를 보며 어깨가 으쓱으쓱. 기회다 싶어 좀 오버해서 설명하다보니 J는 책에 소개된 사진과 건축물에 매료되어 듣는 둥 마는 둥. 타셴의 책 가운데 우리가 볼 만한 것은 건축물 관련 책과 여행 책들이에요. 예를 들어 바로크 양식 건축물에 흥미가 있거나 세계 최고 휴양지에 관심이 있다면 꼭 이곳을 들러보세요. 우리나라에서는 좀체 볼 수 없는 무궁무진한 자료를 많이 접할 수 있답니다.

요즘에는 이런 아트북을 진열해놓는 아트북카페가 점차 늘어나는 추세예요. 아무래도 카페에 앉아서 진득하게 책을 정독할 환경이 마련되기 힘들고, 책만 읽으려면 도서관이나 집에서 읽지 카페에 놀러가진 않잖아요. 그래서 생긴 것이 바로 아트북카페 아닐까요? 아트북은 앞에서도 말씀드렸지만 사진 자료집 성격이 강해서 마치 화보를 보듯이 볼 수 있거든요. 전부 외국어로 되어 있지만 사진이나 그림을 보는 것만으로도 충분히 가치 있는 자료가 많기 때문에 친구들과 대화도 나누고, 짧은 시간 왔다 가는 손님

을 배려한 것이 아닌가 싶어요. 앞에서 소개한 '토끼의 지혜' 가 '북' 에 중점을 두었다면 타셴은 '카페' 에 비중을 둔 북카페라고 보면 될 것 같아요. 애인과 차도 마시고, 즐겁게 대화도 하고, 짧은 시간 들렀다 가고 싶다면 아무래도 카페 성격이 강한 타셴이 제격이겠죠?

타셴을 찾아가기는 그리 어렵지 않습니다. 대학로가 어떤 장소를 찾기에 그리 어렵지 않은 곳이라는 것도 한몫하지만 그보다 멀리서도 눈에 잘 띄는 타셴이라는 하얗고 큰 간판 때문입니다. 다른 건물처럼 간판이 따로 있는 게 아니라 건물 외부에 테라스를 설치하고 외벽을 짙은 갈색으로 하면서 타셴을 간판처럼 입혔어요. 대학로에 있는 웬만한 카페나 레스토랑에는 외부 테라스가 있거든요. 그걸 이용한 아이디어가 시선을 끌

어당기는 데 일조하고 있었답니다.

그럼 본격적으로 타셴 내부를 둘러보기로 해요. 문을 열고 들어서면 제일 먼저 보이는 것은 예쁘게 진열된 컬러풀한 아트북입니다. 왼쪽으로는 북카페라고 생각하고 들어간 우리를 깜짝 놀라게 한 큰 와인 셀러가 있어요. 저녁에 오면 와인 바로 변신해 있을 것 같은 타셴이랍니다. 그래도 이 많은 책을 읽으려면 어두운 저녁보다는 햇살 좋은 낮에 오는 게 훨씬 낫겠죠? 그리고 이곳은 사진보다 실물이 훨씬 예뻐요. 사진에 예쁘게 담으려고 노력했는데, 실물만큼 담지 못해 안타깝네요.

타셴출판사의 책을 소개할까요? 타셴의 책은 다른 곳과 달리 책장에 꽂지 않았어요. 좌판 같은 곳에 펼쳐놓는 식이지요. 그러다보니 맨 위에 놓인 책만 눈에 띄고 밑에 가

려진 책들은 손이 잘 가지 않아 처음엔 왜 저랬을까 아쉬웠거든요. 하지만 자리에 앉아 샌드위치도 먹고, 차도 마시고, J와 이야기도 하려니까 저도 모르게 눈이 책 쪽으로 가는 거예요. 신기했답니다. 왜 그럴까 곰곰 생각해보니, 아트북의 특징과 책의 진열 방식 때문에 의도된 현상인 것 같더라고요.

아트북은 일반 책과 달리 하드커버가 대부분이고 표지가 무척 화려하지요. 그런데 이런 책들을 일반 북카페처럼 책장에 꽂는다면 아트북만의 매력을 죽이는 꼴이 되겠지요? 백화점에서 상품 디스플레이하듯 책을 둔 것이 오히려 사람들의 눈길을 끌어당기는 거예요. 멋진 추리력이죠?

타셴의 디자인은 홍대나 청담동에 물든 우리 기준으로 보면 약간 평범하기도 해요. 하지만 대학로라는 위치를 고려할 때 이곳은 상당히 세련된 곳이라고 결론 내렸답니다. 이렇게 말하면 대학로에 자주 놀러가는 분들이 오해할 것 같은데, 대학로가 촌스럽다는 말이 아니라 홍대나 청담동의 카페를 이리 옮겨놓으면 너무 앞서 나가 부담스러울 수 있다는 말이랍니다. 지역마다 각자 색깔을 내는 독특한 인테리어가 유행할 수밖에

없는데, 대학로라는 색깔에 어울리게 가장 세련된 옷을 입은 곳 아닐까요?

절대 빼놓고 넘어갈 수 없는 샌드위치 이야기. 타셴에서 샌드위치는 중요한 위치를 차지한답니다. 우리도 샌드위치 맛이 기대 이상이라서 나중에 인터넷으로 검색해봤더니 타셴의 샌드위치는 어느 것이든 맛있다고 하는 글이 정말 많았어요. 우리만 그렇게 느낀 게 아니었다는 말이지요. 여러분도 애인하고 사이좋게 음료 하나, 샌드위치 하나 시켜서 드셔보세요. 꽤 괜찮답니다.

우리는 대학로로 놀러갈 일이 많지 않답니다. 너무 멀거든요. 하지만 연극이나 뮤지컬을 자주 보기 때문에 자연히 대학로에 갈 수밖에 없어요. 그때마다 타셴은 우리의 보금자리가 될 거라는 생각이 들었어요. 공연시간이 어중간해서 남는 시간에 하릴없이 돌아다니곤 했는데, 이제는 그런 걱정 안 해도 되어 좋아요.

여러분도 연극 보러 대학로에 많이 갈 텐데, 공연시간이 좀 남았다면 애인과 타셴에 가보는 건 어떨까요? *Edited by* Ⓜ

전통이 살아 있는 인사동에는 예술에 한 발 더 가까이 다가설 수 있는 갤러리와 아기자기한 가게가 많지요. 우리나라이기에 볼 수 있는 거리의 아름다운 풍경과 소박한 모습이 살아 있는 인사동은 외국인에게는 빼놓을 수 없는 명소이기도 하죠. 저도 인사동 풍경을 좋아해서 자주 찾아가는데, M과 손을 잡고 인사동 거리를 산책하는 일은 특별한 날인 것처럼 설레기도 하고, 갖은 볼거리 덕분에 시간 가는 줄 모르고 데이트할 수 있어서 좋아요.

늘 가던 전통찻집의 차 맛이 그리워 가던 길에 M이 새로운 곳을 소개한다며 제 손을 잡아끌었어요. 궁금하면서도 M이 인터넷에서 찾아낸 곳이라 하니 기대되더라고요. 허름한 건물 계단으로 3층에 도착하니, 지금

까지 보았던 인사동과 다른 풍경이 펼쳐졌어요. 북카페라고 해야 할지, 갤러리라고 해야 할지 잘 모르겠지만 예술을 사랑하는 사람들의 쉼터임에는 분명해보였어요.

인공으로 꾸민 느낌을 찾을 수 없는 소박한 인테리어에 조용한 클래식이 잔잔하게 깔려 있는 '갤러리 북스'는 예술서적을 맘껏 볼 수 있는 북카페 겸 갤러리예요. 카페에 들어가 자리를 잡으면 한 사람당 음료 하나를 꼭 시켜야 하는데, 이 가격(5,000원)에 책도 그림도 맘껏 볼 공연 관람료가 포함되어 있어 결코 아깝다는 생각은 들지 않아요.

근엄해 보이는 흰머리 주인장이 음료를 준비해주고는 손님처럼 책도 읽기 때문에 가끔 주인장이 안 계신 걸로 착각하는 손님도 있답니다.

예술서적은 사진, 명화, 디자인 등 장르별로 구분되어 있어 관심 있는

분야 책을 쉽게 찾아볼 수 있어요. 대부분의 북카페가 장르 구분 없이 편하게 읽을 수 있는 여행책이나 소설책이 많은 대신 이곳에는 전문적인 예술서적이 많기 때문에 인사동에서 색다른 경험을 할 수 있어요. 저는 분위기 있게 명화 전집을 펼쳐들고 '북스'의 시간을 음미했어요. 꾸밈이 화려한 카페는 아니지만 깨끗하고, 인사동 분위기에 걸맞게 세월이 잠들어 있는 듯한 정겨움이 가득한 북스 모습은 또 하나의 감동으로 기억되었어요. 회사일로 바빠 평소에 소홀했던 M의 선물, 감동할 만하죠? 오늘 인사동 산책은 유난히 즐거웠어요.

북스는 인사동 거리가 시작되는 길에 있어요. 3층에 있어 눈을 크게 뜨지 않으면 지나치기 십상이라 신경 써야 해요. 아트북 서재와 갤러리가 'VOOKS'라는 이름 아래 어우러진 이색적인 공간이에요.

삐거덕 소리가 요란한 나무 계단을 오르면, 벽면 가득 북스가 가까워짐을 알려주는 포스터들이 반갑게 인사해요. 인기 있는 책이나 북스 갤러리에서 전시했던 작품 사진들이 발길에 힘을 실어줍니다.

오래된 나무문을 열고 안을 들여다보니 클래식 음악이 잔잔히 깔리는 북스가 눈에 들어왔어요. 카페를 가득 채워주는 책들과 여유로워 보이는 갤러리가 조금 어색하게 공존하고 있었어요. 자리를 잡고 앉으면 탁 트인 갤러리 속 단아한 그림에 기분이 좋아지고, 벽으로도 모자라 탁자까지 점령한 책들은 보기만 해도 흐뭇해지더라고요.

서울예대 교수인 카페 사장님이 여행을 다니며 모은 예술서적을 많은 사람이 볼 수 있게 개방해놓은 것인데, 서점에서 찾을 수 없는 책도 많아서 예술에 관심 있는 사람들에게는 사랑방으로 통하는 곳이에요.

저도 이런 책들 사이를 누비며 책을 골라보았어요. 가끔 서점에서 예술

서적을 보려면, 책 무게의 압박에 다리가 아파 몇 장 못 보곤 했는데, 이곳에선 내 집에서처럼 편하게 읽을 수 있어 좋더라고요. 오랜만에 분위기 잡고 명화집을 골라 자리에 앉았어요.

우선 기념사진 한 장 촬영하고 책읽기에 돌입했습니다. M은 저와 함께 다니면 자기 시간을 즐기기보다 함께한 추억을 기록하느라 늘 바빠요. 그래도 함께해주는 카메라가 있어 외롭지는 않겠지만 북스에서만큼은 마주 보면서 시간을 보내고 싶더라고요. 덩그러니 저 혼자 앉아 있으려니 외롭기도 하고.

참! 북스에서는 사장님이 직접 차 주문을 받아요. 메뉴판은 한 손에 들어올 만큼 작은 수첩인데, 손수 글씨를 쓰고 그림을 그려놓아 꽤 귀여워요. 메뉴는 커피, 주스, 탄산음료 등 다양한데, 값은 모두 5,000원으로 같아요.

우리는 상큼한 유자차와 달고 맛있는 코코아를 주문했어요. 단 음식을 좋아하는지라 유혹을 참을 수 없어 또 코코아를 시켰네요. 다른 카페처럼 쿠키를 곁들거나 예쁜 찻잔에 나오지는 않으니 기대하지 마세요. 하지만 사장님이 손수 만들어주신 코코아는 얼마나 부드럽던지 그 맛에 또 한 번 반했답니다.

이렇게 차를 마시며 책을 보는 게 지겨워지면 몸을 일으켜 갤러리로 가보세요. 누구에게도 방해받지 않고 그림을 감상하는 것이 이곳에서는 자연스러운 일이니까요. 따로 갤러리를 찾아가지 않아도 자리에 앉아 그림을 볼 수 있고, 내 방식대로 감상할 수 있는 이곳은 예술과 함께할 수 있어 더 멋스러운 공간이랍니다.

발걸음이 닿는 곳마다 흥미로운 책이 가득하고, 예술을 사랑하는 쉼터로 오래도록 사랑받아온 북스. 연인과 함께하면 더욱 좋은 카페라서 꼭 권하고 싶어요. *Edited by*

Photo Cafe 11
사진작가와 모델의 데이트를 꿈꾼다면
카페 드라마
Attractive air ★★★☆☆
Attractive price ★★★☆☆
Attractive interior ★★★★★
Attractive people ★★★★★
M's Score 99점이보다 더 행복한 포토카페가 있을까?
J's Score 99점여자의 변신이 눈부시게 아름다운 곳
Today's Concept
M's 준비 어떤 컨셉트로 사진을 찍을지 또는 같이 찍을지 미리 준비해 가면 훨씬 더 재미있게 놀다 올 수 있어요.
J's 코디 드레스로 갈아입기 편안한 복장이 좋아요. 기본적인 화장은 하고, 머리는 카페지기들이 손봐주니까 걱정 안 해도 돼요.
M&J 지출 내역
1시간 촬영비 : 10,000원
아이스 카페라떼 : 6,000원
딸기 스무디 : 6,000원
드레스 : 15,000
INFO
Tel 02-312-7749
Open 11:30~21:00
Menu 성인드레스 10,000~25,000원, 남자 턱시도 10,000원, 연미복·중세의상 15,000원, 아동의상 7,000원, 드라마 의상 20,000~ 35,000원, 궁중의상 50,000원 커피&차 5,000~7,000원, 주스&스무디 6,000원, 탄산음료 4,000원, 아이스크림 5,000원
Location 이대역 2번 출입구로 나와 YES쇼핑몰을 끼고 좌회전하여 80미터 내려와 오른쪽

여러분은 여자친구 또는 남자친구와 계속 만날 수 있게 해준 것이 무엇이었나요? 성격이나 외모 같은 거 말고요. 보통은 같은 학교라든가 동호회 같은 것들인데, 우리는 사진이었어요. 제가 처음부터 사진에 관심이 있던 게 아니랍니다. DSLR를 갖게 된 지는 오래됐어요. 니콘 D70이 출시될 무렵에 구매했으니 꽤 오래됐지요. 하지만 2년쯤은 그냥 가지고 있는 게 다였던 것 같아요. 별 재미도 없었고 어떻게 찍어도 똑딱이 카메라랑 별 차이점을 못 느꼈거든요.

그러다가 J를 만나 어떻게 하면 친해질까 고민하던 끝에 당시만 해도 부잣집 애들(?)만 가지고 있다던 DSLR를 미끼로 사용했지요. 괜히 잘 찍는 척하면서 데리고 간 광릉수목원 데이트에서 J를 예쁘게 찍어주고 싶다는 생각이 간절하더라고요. 그때부터 J와 데이트할 때 무조건 카메라를 들고 나갔고, 삼각대까지 메고 무진장 힘들게 사진을 찍기 시작했어요. 그렇게 우리 사진은 늘어갔고 지금의 책도 나오게 된 거고요.

오늘 가볼 곳은 '카페 드라마' 라는 드레스 포토 카페예요. 드레스 카페는 많이 들어보셨죠? 전문 스튜디오에나 가서 찍어야 했던, 흔히 보는 그런 멋진 사진을 이제는 싼값에 우리 같은 보통 사람도 예쁘게 찍는 곳이랍니다. 예쁜 드레스도 골라 입을 수 있거든요. 화장도 해주고 조명 또한 아주 좋은 멋진 곳이랍니다.

사진의 배경이 되는 벽이나 소품은 말할 것도 없이 무척 예쁘고 세련되었지요. 웨딩스튜디오만큼 예쁘다고 보면 될 것 같아요. 사진 못 찍는다고 실망할 필요는 없어요. 웬만한 포토카페에서는 전문 사진사들이 커플 사진도 찍어주니까요.

저는 J만 찍었지만요. 찍는 건 곧잘 하지만 찍히는 건 무지 어설픈 M이라서 무척 슬프답니다. 그래도 J가 예쁘게 나와서 다행이었어요. 그럼 카페 드라마로 가볼까요?

저는 J를 어떻게 하면 더 예쁘게 찍을까 나름대로 사진 공부를 해야 하고, J도 뚱뚱하게 나오지 않을까, 얼굴이 부으면 어쩌나 신경 쓰게 되거든요. 그런데 이렇게 신경 쓴 만큼 가치가 충분히 있는 곳이라는 생각이 들었답니다.

먼저 포토카페를 가보지 않은 분들을 위해 사진 찍는 순서를 말씀드리면, 우선 테이블에 앉아서 음료를 시킵니다. 그러고 나서 드레스 사진이 가득한 앨범을 받아 드레스를 고르면 중요한 부분은 끝납니다. 이제 직원을 불러 고른 드레스를 얘기하고 같이 드레스 룸으로 가서 드레스를 입은 다음 원하는 장소에서 사진을 찍으면 됩니다.

보통 한 시간을 주는데, 한 시간 넘어도 충분히 감안해주더라고요. 간만에 마음껏 촬영하고 왔답니다.

배경을 좀 구경해볼까요. 제가 제일 마음에 들어 했던 것은 영국 황실에 있을 법한 소파와 벽지로 구성된 배경이랍니다. 배경이 마음에 들어 J에게 까만색 드레스를 입으라고 주문했지요. 조명도 제가 가본 포토카페 가운데 최고였습니다. 전문 스튜디오에서나 볼 법한 조명을 제 마음대로 만질 수 있어서 얼마나 행복했는지 몰라요.

프랑스 외딴 마을 골목에 있는 귀퉁이 노천카페를 연상시키는 배경에는 따로 조명이 없지만 사진을 찍어보면 정말 예쁜 애인을 발견할 겁니다. 그런데 이곳을 잘 모르는 사람들이 여기가 그냥 음료를 마시는 테이블인 줄 알고 차지하는 바람에 사진을 많이 찍진 못했어요.

카페 드라마가 야심차게 준비한 중국풍 배경도 있습니다. 왜 야심차

다고 하냐면 카페 드라마 제작사가 바로 MBC 아트센터이기 때문입니다. 즉 MBC에서 제작한 드라마의 의상은 드라마가 종영되면 바로 이곳으로 온답니다.

그런데 MBC 드라마가 사극이 많잖아요. 그래서 카페 드라마에는 다른 포토카페에서는 볼 수 없는 사극에 사용된 의상이 많답니다. 그중 몇 개를 소개하면, 〈주몽〉에서 소서노가 입었던 옷, 〈태왕사신기〉에서 담덕이 입었던 갑옷, 〈다모〉에서 다모가 입었던 옷 등 정말 많답니다. J에게도 입혀보고 싶었는데, 창피해서 싫다고 하는 바람에…. 너무 아쉬웠습니다.

공주풍 배경은 어딜 가나 꼭 있는 것이라서 저는 별로 좋아하지 않는데, J는 이런 곳만 오면 얼굴에 웃음꽃이 활짝 핍니다. 여자들은 역시 공주가 되고 싶어 하는 꿈을 간직하고 사는 걸까요? 개인적으로는 흥미 없는 배경이지만 사진을 많이 찍어보지 못한 사람이라면 이 배경에서 누구나 전문가처럼 그럴싸하게 사진을 찍을 수 있으니 용기를 가지고 데이트 장소로 선택해도 될 것 같아요.

자, 오늘의 하이라이트를 소개합니다. 명색이 포토카페인데, J를 모델로 한 사진을 안 보여드릴 수 없지요. J의 또 다른 얼굴을 볼 수 있을 거예요. J는 끼가 있는 것 같아요. 사진사에게는 최고의 모델입니다. 여러분도 J의 멋진 표정과 포즈가 마음에 드시나요? *Edited by* Ⓜ

도심 속 로맨틱한 연인들의 즐거운 놀이터

프린세스 다이어리

Attractive air	★★★★★
Attractive price	★★★★★
Attractive interior	★★★★☆
Attractive people	★★★★☆
M's Score	**98**점(명동 영플라자 꼭대기에 이런 근사한 곳이 있다니!)
J's Score	**98**점(이곳에선 우리가 주인공!)

Today's Concept

M's 준비   영플라자 안에 있으니 사진에 어울리는 예쁜 옷 한 벌 선물해주는 건 어떨까요?

J's 코디   의상을 빌려 입을 수도 있지만 귀여운 콘셉트의 의상을 입고 간다면 소품을 이용해서 더욱 재미나게 놀 수 있어요.

M&J 지출 내역

오레오쿠키 셰이크 : 6,000원

유자에이드 : 6,000원

INFO

Tel	02-2118-5374
Open	11:30~21:30(백화점 영플라자 영업시간과 같음)
Menu	드레스 10,000~30,000원, 음료 6,000원 동일(블랙 코르셋-초코셰이크, 그남자의 턱시도-오레오쿠키, 셰이크, 울트라 매직 뽕브라-유자에이드, 로맨틱 부케-딸기·바나나, 그 외 아이스티, 핫초코, 녹차라테, 카푸치노, 장미녹차 등)
Location	명동 롯데백화점 영플라자 6층

얼마 전 사촌동생 미니 홈피에 들어가 보니 남자친구와 웨딩드레스를 입고 찍은 사진
이 있더라고요. 대학생이 되어 사랑을 나누게 된 남자친구와 기념 삼아 찍었다던데,
요즘 커플에겐 웨딩드레스나 독특한 의상을 빌려 입고 사진을 찍는 포토카페가 인기
인 것 같아요. M의 취미가 사진 찍는 거라 우리도 포토카페에 관심이 있는 편인데, 예
약하고 가야 하는 곳이 대부분이라 시간을 맞추기 쉽지 않아서 자주 가지 못했어요.
그래서 명동 롯데백화점에 쇼핑하러 가던 날 영플라자 6층에 있는 포토카페 ‘프린세
스 다이어리’에 잠시 들렀어요. 특별히 의상을 빌려 입지 않아도 카페에 있는 소품을
이용해 사진을 찍을 수 있기 때문에 부담이 없고, 잠시 들러 멋진 배경에 사진을 찍는
재미도 있어 다른 포토카페보다 편했어요. 자리를 잡고 음료를 주문하면 의상을 입을
지 결정하라는데, 최신 유행 웨딩드레스를 두루 갖추어 어느 곳보
다 예쁜 모습으로 변신할 수 있겠더라고요. 거기에 턱시도까
지 갖추면 결혼 전 웨딩사진을 찍는 것 같은 기분이 날 것 같
았어요.

우리는 쇼핑으로 체력을 많이 소진한 터라 입고 온 옷에 소품을 이용해 사진을 찍는 걸
로 결정하고 둘만의 시간에 돌입했답니다. 귀여운 머리띠와 할로윈에 쓸 법한 모자,
파격적인 가발까지 어느 하나 심심한 것이 없었어요. 배경도 다양해서 요염한 모습으
로, 여성스러운 모습으로 M에게 제 매력을 맘껏 발산했답니다.

이곳은 다른 포토카페와 달리 배경마다 조명을 조절해서 찍을 수 없고, 카페의 자체 조
명을 이용해야 하기 때문에 전문적인 사진을 찍고자 하는 분에게는 부
족한 부분이 있겠지만, 연인이나 친구끼리 추억을 만드는 데에는
더 없이 멋진 곳이니 안심해도 돼요. 원한다면 카페지기들이 폴라로
이드로 찍어주기 때문에 둘만의 추억이 담긴 사진도 멋지게 남겨 올

수 있답니다. 명동에서 친구와 연인과 만나 커피숍으로 향하는 길에 프린세스 다이어리로 가는 건 어떨까요? 차도 마시고 잊지 못할 추억의 사진은 덤으로 받는 즐거운 놀이터로요. 프린세스 다이어리는 명동점 외에 이대, 건대에도 있어 대학생들 사이에서도 인기가 많아요.

명동 거리가 한눈에 내려다보이는 자리는 인기가 많아 사람들로 꽉 찼어요. 형형색색 아름다운 색으로 단장한 소파에 앉아 연인의 어깨에 머리를 기대고 사진도 찍을 수 있어서 일찍 오지 않으면 창가의 특권을 누리기 어렵답니다.

우리는 카페 안쪽에 있는 푹신한 소파에 자리 잡았어요. 전망은 좋지 않지만 카페를 워낙 아름답게 꾸며서 심심하지는 않았어요. 카페 이용에 관한 친절한 설명을 듣고, 음

료를 주문했어요. 메뉴에 붙은 별명(울트라 매직 뽕브라, 그남자의 턱시도, 로맨틱 부케와

같은 귀여운 이름)으로 주문하면 돼요.

다른 카페처럼 음료를 마시면서 디카로 사진을 찍어도 되고(창피하지만 셀카질에 푹 빠

졌답니다), 공주처럼 새 하얀 드레스를 빌려 입을 수도 있어요. 티아라, 귀걸이, 구두까

지 드레스에 맞는 액세서리를 모두 갖추어놓았기 때문에 마음에 드는 옷을 골라 입으

면 돼요.

카페는 스튜디오처럼 다양한 소품과 모빌, 인형 등으로 꾸몄는데, 공간마다 분위

기가 달라서 나중에 사진을 보면 만족할 거예요.

카페를 자세히 들여다볼까요? 예쁜 공주님이 까르르 웃으며 앉아 있을 것

같은 벨벳 소파와 다양한 캐릭터 인형들, 그 옆으로는 가발과 머리띠 모자

까지 변신을 위한 준비물을 두루 갖추었어요. 거기에 사진을 위해 설치한 하늘을 날아 다닐 듯한 풍선 조명은 사랑을 독차지하는 소품이에요.

M을 따라 자리를 옮겨 다니며 사진을 찍었는데, 곰 인형 친구들과 맛있는 커피를 즐기는 장난기 가득한 모습부터 포근한 햇살을 받으며 하늘을 바라보는 모습까지 배경에 따라 신이 나서 새로운 포즈를 취했어요.

붉은 벽이 인상적인 방에 들어가서는 조명을 이용해 클로즈업 사진도 찍었는데, 아무래도 얼굴이 크게 나오는 건 부담스러워요. M 몰래 삭제하고 싶었지만 사진사가 맘에 들어 해서 여기까지 소개하게 됐네요. 그냥 스치듯 봐주세요. 자세히 보면 깜짝 놀라실 테니까요.

제가 가장 공들여 꾸민 건 폭탄 맞은 것 같은 빨간 가발을 쓴 모습인데, 생각보다 잘 어울려서 깜짝 놀랐어요. 전통 문양 배경에 기대어 활짝 웃으니 개구쟁이 같아 보이기도 하고 색다른 변신에 재미도 있더라고요. 이런 변신에 탄력받아 멈출 줄 모르고 손바닥만 한 모자를 귀엽게 쓴다는 것이 요염하게 변했네요. M이 너무 많이 웃어 진지한 사진이 별로 없지만 나름대로 귀엽게 나온 것 같아 만족스러웠어요.

다른 사람들처럼 드레스로 갈아입은 모습은 아니지만 소품으로 변신하며 보낸 한 시간이 어떻게 흘렀는지 모를 만큼 빠르게 지나갔어요. 이런 아쉬움이 남으니 다음에 다시 찾게 되겠지요? 예쁘게 웃기만 하는 사진으로 가득한 추억도 아름답겠지만 개구쟁이 모습으로, 요염한 여인으로 연인에게 색다른 추억을 선물해보는 건 어떨까요? 오늘 저처럼요. *Edited by* 🌀

로맨틱한 상상력으로 무장한
핫 플레이스

몽상

4월인데도 며칠 동안 비가 오고 날씨도 추웠어요. 아직도 옷장에는 겨울 코트가 있고, 다락방에는 이제나 저제나 옷장으로 재입성하려는 봄옷들이 잠들어 있죠. 그런데 일요일에는 이제 정말 봄이다 싶을 만큼 화창하고 따뜻했어요. 그래서 J와 함께 대학로에 갔답니다. 괜찮은 포토카페가 있다는 얘기를 들었거든요.

사진을 찍으러 스튜디오를 몇 군데 가다보니 가장 중요한 것은 조명이라는 생각이 들었는데, 이곳은 조명이 다른 곳보다 좋았어요. 전문 스튜디오가 아니고는 구비

Attractive air	★★★★★
Attractive price	★★★★★
Attractive interior	★★★★☆
Attractive people	★★★★☆

M's Score **98**점(상상하는 모든 것이 사진에 담겨지는 환상 스페이스)

J's Score **98**점(모든 것이 마냥 즐겁고 재미있는 셀프 스튜디오)

Today's Concept
M's 준비 대학로 하면 공연이니까 꼭 연극이나 뮤지컬 표를 예매해서 가세요. 사진만 찍으러 대학로로 가기는 아깝잖아요.

J's 코디 평소에 즐겨 입거나 잘 어울렸던 의상을 여러 벌 준비해 가서 갈아입으며 촬영하면 화보 찍는 기분으로 멋진 시간을 보낼 수 있어요.

M&J 지출 내역
1시간 촬영 : 20,000원(음료포함-아이스티 · 레모네이드)

INFO
Tel 02-765-0074
Open 10:00~22:00
Menu 4~10월 3인 기준 시간당 20,000원(추가 1인 5,000원), 그 외 기간 기준 25,000원(음료 포함 가격), 카메라 대여 7,000원, 드레스 · 턱시도 10,000원 등 대여 가능
Location 혜화역 1번 출입구로 나와 하겐다즈 뒷골목으로 직진(천년동안도 맞은편 건물 지하)

하지 못하는 비싼 조명이 많았고, 주위 눈치 보지 않고 마음껏 쓸 수 있어서 마음에 들었답니다. 특히 촬영장도 다른 포토카페와 다르게 개별적인 공간으로 나뉘어 방해받지 않고 단둘이서 사진을 찍을 수 있어 참 좋았답니다.

일요일 아침인데도 벌써 촬영 중인 팀이 있을 만큼 인기가 많았어요. 그리고 촬영 중인 팀만 없으면 어느 공간에서든 사진을 찍을 수 있어 더욱 좋았고요. 약간 수줍은 듯하지만 착하고 친절한 사장님도 그런 분위기에 한몫했답니다. 우리 둘의 사진까지 찍어줬어요. 요즘 우리 둘이 찍은 사진이 거의 없었거든요. 이렇게 좋은 사진을 선물로 받아 흐뭇했던 하루였습니다. J도 제가 찍은 사진이 마음에 들지 않는다고 뽀로통했지만 금세 신나서 여기저기 뛰어다녔답니다. 연예인도 많이 방문하는 포토카페 '몽상.' 그럼 몽상에서 찍은 멋지고 예쁜 사진을 구경해볼까요?

몽상은 지하 1층에 있어요. 입구부터 깜찍하고 예뻐서 잔뜩 기대하게 만드는 매력적

인 곳이랍니다. 계단을 내려가면서도 앤티크 시계와 사다리를 보며 예쁘다는 말이 저절로 나오고, 빨간 문을 보는 순간 선택이 틀리지 않았음을 확인하게 되죠.

'몽상'은 사진 찍히는 사람에게 아주 좋은 곳입니다. 사진 찍는 배경인 공간이 각각 독립적으로 나뉘어 있거든요. 그래서 다른 사람 의식하지 않고 마음껏 끼를 발산할 수 있어요.

전문 모델이 아닌 이상 주위 시선에 신경 쓸 수밖에 없고, 특히 우리 같은 일반인은 얼마나 창피하겠어요. 애인의 마음까지 신경 쓰는 분이라면 몽상은 최고의 선택이 될 거예요. 포토카페 중에 몽상처럼 독립 공간으로 만들어진 곳은 못 봤거든요. 공간들은 사진 찍는 팀만 없다면 언제든지 자유롭게 사용할 수 있으니까 사람이 적은 시간에 가면 더욱 좋겠지요.

다양한 공간을 살펴볼까요? 알록달록 귀여운 아기 방은 전부 원색이고, 인형이 많았답니다. 조명 또한 충분해서 사진 찍기에 최적의 조건이겠네요. 장비에 비해 J 사진을 잘 못 찍은 거 같아 괜히 미안해졌답니다.

중국풍 방에서는 사진을 못 찍었어요. J 컨디션이 안 좋아서 포기했습니다. 소품이 많아서 잘만 이용하면 예쁜 사진이 만들어질 것 같은 방이랍니다. 중국 전통의상을 입고 찍으면 더 좋을 것 같아요.

내추럴 방은 밀크색으로 꾸며 카페에 온 것 같은 분위기를 연출할 수 있는 곳이랍니다. 이 방에서 스트로보를 이용해 사진을 찍으면 아주 뽀얀 애인을 만날 수 있을 겁니다. 조명의 색온도가 스트로보와 잘 맞아떨어지고, 천장 또한 바운스가 잘 되는 구조라서 꽤 괜찮은 사진이 나온답니다.

제가 이름 붙인 마릴린 먼로 콘셉트의 방도 있어요. 정말 마릴린 먼로가 저 소파에 누워 있을 것 같지 않나요? 여자들에게는 인기가 가장 덜할 것 같은 방이지만 사진을 찍

는 사람에게는 최고랍니다. 조명과 벽과 소파 색깔이 은근히
조화되어 섹시한 애인을 만날 수 있는 방이랍니다. J도 이 방
에서 찍은 사진이 가장 잘 나온 것 같아요.
사장님께서 우리 둘의 사진을 찍어주셨답니다. 마음에 드는
방에 가서 찍어준다고 하셨는데, 미안해서 로비에서 찍었어
요. 예쁘게 잘 나와서 기분이 좋았답니다. 마지막으로, 우리
둘의 사진과 J의 사진을 보너스로 보여드릴게요. *Edited by* Ⓜ

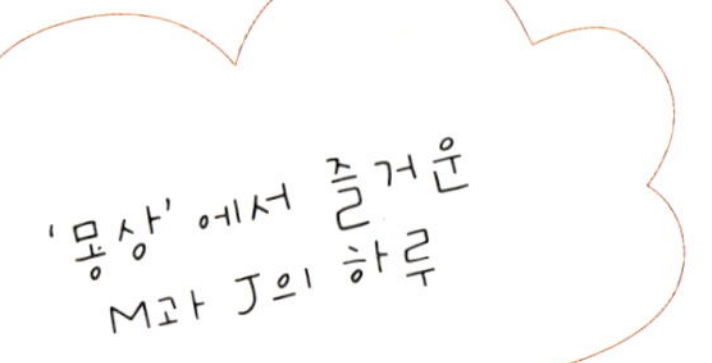
'몽상' 에서 즐거운
M과 J의 하루

Attractive air ★★★☆
Attractive price ★★★★
Attractive interior ★★★★★
Attractive people ★★★★
M's Score 97점(나만의 공주님을 위하여)
J's Score 97점(누구나 공주가 되는 시간)

Today's Concept

M's 준비 드레스를 빌려 입을 땐 하얀색으로 고르는 게 좋아요, 흰색이 사진이 가장 잘 나오는 것 같아요. 배경이 빨간색인 곳에서 많이 찍으세요.

J's 코디 의상을 빌려 입고 촬영하기 때문에 갈아입을 편안한 의상과 조명을 받아 돋보일 화장으로 미모를 뽐내보세요

M&J 지출 내역

드레스 대여 : 20,000원
음료 두 개 : 12,000원

INFO

Tel 02-419-7702
Open 13:00~23:00(건물 리모델링공사로 평일은 17:00~23:00)
Menu 드레스 대여 5,000~20,000원(레이싱걸 의상, 세일러문 의상, 웨딩드레스 등), 커플 의상+촬영 30,000~40,000원, 음료 5,000원부터
Location 2호선 신천역 4번 출입구로 나와 종합운동장 쪽으로 가다가 키노극장과 피자헛 사이에서 좌회전, 송도 자동차공업사 옆 건물

사진 찍는 사람들의 목적은 저마다 달라요. 가족의 생생한 모습을 찍는 사람도 있고, 전국의 간이역을 주제로 찍는 사람도 있고, 전문 모델과 작품사진을 작업하는 사람도 있어요. M은 카메라를 사서 줄곧 저와 함께했기 때문에 M의 모델은 4년 동안 늘 저였어요. 질릴 법도 한데 M은 저의 다양한 표정과 모습을 늘 아름답게 담아준답니다. 처음엔 카메라 앞에 서는 게 쑥스럽기도 하고 민망한 포즈에 웃음이 나오기도 했지만 이젠 편해진 만큼 M의 카메라 앞에서는 나름대로 과감해지는 것 같아요. 잘 어울리진 않지만 섹시한 포즈부터 아기 같은 모습까지 M이 원하는 포즈는 모두 취해주거든요.

이런 제 모습을 특별하게 담아주고 싶다는 M과 포토카페에 갔어요. 지금의 행복을 사진에 담아놓으면 나중에 더 없이 멋진 추억이 될 거라면서요. 비가 제법 내리는 날, 용인에서 신천까지 한참을 달려 '로코코'에 도착했어요. 상가 건물 사이에 있어 찾기 쉽지 않지만 번화가가 아니라서 조용한 분위기가 스튜디오와 잘 어울리는 것 같았어요. 전문 포토카페답게 로코코는 조명과 배경이 다양해 전문 모델과 사진작가들이 자주 찾는 곳이에요. 그 모습을 보며 잔뜩 기가 죽기는 했지만 그래도 M의 카메라 앞이라면 그다지 어려운 일은 아니랍니다.

의상은 귀여움이 흠뻑 묻어나는 짧은 웨딩드레스를 택했어요. 첫눈에 반한 터라 욕심을 좀 내었지요. 익숙하지 않은 조명기구 때문에 고생했지만 다양한 배경 앞에서 멋진 포즈를 선보이며 새롭게 발견하게 된 제 모습과 멋진 사진에 흐뭇한 웃음이 지어졌어요. 혹시 사진 찍는 게 서툴거나 연인과 둘만의 사진을 간직하고 싶으면 전문 사진가인 카페지기에게 부탁해보세요. 멋진 사진을 만들어줄 테니까요. 특별한 날 연인과 함께 이색적인 추억 만들기를 해보고 싶으면 신천에 있는

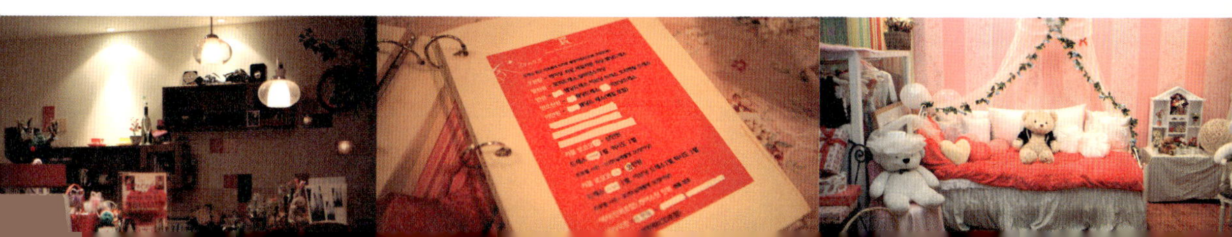

로코코의 문을 두드리세요.

로코코는 스튜디오와 카페 공간으로 나뉘어 있어요. 처음 방문한 사람에게는 친절하게 설명도 해주지요. 차를 마시면서 갈아입을 의상을 골라야 하기 때문에 시간을 여유 있게 잡는 것이 좋아요. 의상 가격과 이용방법도 자세히 적어놓아 콘셉트를 잡고 사진기를 점검하면 촬영 준비 끝입니다.

스튜디오는 작은 편이지만 공간마다 다른 분위기로 꾸며 사진을 찍으면 각기 다른 모습을 볼 수 있어 좋더라고요. 잠에서 막 깨어난 공주님이 눈을 비비고 있을 법한 핑크 침대와 곰 인형 아저씨와 차를 마시며 아침을 맞이할 것 같은 티 테이블은 특히 여성들에게 인기가 많아요. 여자라면 누구나 꿈꿔보는 공주님 모습이니까요.

그런 로맨틱한 공간을 멀리서도 바라볼 수 있는 창문은 또 다른 매력이에요. 사진은 각도에 따라 전혀 다른 결과물을 내놓는데, 그 창으로 바라본 공주 침실은 더 귀엽고 앙증맞게 보이더라고요. 남자들이 연인을 몰래 바라보는 느낌으로 사진을 찍을 수 있을 거라는 생각이 들었어요.

조금 차가워 보이는 보랏빛 배경은 모델의 웃음이 함께하면 편안하고 분위기 있는 곳으로 변신해요. M이 보라색을 좋아해 그 앞에서 멋진 포즈를 취해주니 정말 좋아하더라고요. 스튜디오에 있는 소품 가운데 양산을 이용해 밝은 모습을 표현하니 장난기 많은 공주님이 된 기분이었어요. 이 정도면 저도 모델 같지 않나요?

편안한 소파에 앉아 한가로운 오후를 보내는 여인의 표정도 지어보고, 파란 보물상자에 숨겨진 꽃들을 꺼내 재미있는 사진을 많이 찍었어요. 스튜디오에 있는 서랍이나 보물상자에는 소품으로 사용할 만한 물건이 많이 들어 있으니 원하는 분위기에 맞춰 다양하게 사용하면 좋아요. 그 대신 사진에 쓰일 물건을 직접 찾아야 하기 때문에 다른 사람이 사용하기 전에 발 빠르게 찾는 게 중요해요.

아기자기한 물건이 스튜디오 곳곳에 있어서 단조로울 수 있는 사진도 화사하게 변신할 수 있답니다. 이런 매력 덕분에 로코코가 많이 유명해진 것 같아요.

마지막으로, 우리가 가장 공들여 작업한 곳은 아주 단순해서 사진에 공백이 드러나지 않을까 걱정될 만큼 아무것도 없는 붉은 벽이에요. 저도 배경에 소품이 많은 곳을 좋아하다보니 M이 이곳에서 찍자고 할 때 반대했지만 시험 삼아 찍은 몇 장을 보고 마음이 바뀌었답니다.

붉은 벽이 오히려 인물을 돋보이게 해서 하얀 드레스를 입은 제가 사진에서 멋진 주인공이 되었더라고요. 그 모습에 어찌나 만족했던지, 드레스를 입고 바닥에 앉아 보거나, 미리 찾아놓은 귀여운 소품을 이용해 M에게 멋진 제 모습을 맘껏 보여줬어요.

여자라면 연인에게 주인공으로 대접받고 싶은 날이 있을 거예요. 그런 날 멋진 드레스를 차려입고 연인의 유일한 사진 모델이 되어보는 것은 어떨까요? 데이트에 재미도 더해주고, 평생 기억에 남을 사진도 얻을 수 있는 로코코가 여러분의 소원을 들어줄 거예요. *Edited by* 🌀

Theme 02_Music Cafe
마음을 사로잡는 로맨틱 & 특별한 감성 공간
난 '사랑'이란 감정은 적어도
함께 밥을 먹고, 함께 웃고, 함께 걸으며
그렇게 오랜 시간을 함께 공유해야 한다고 생각했었어
하지만 '너와의 함께한 그 시간' 이후로, '너'라는 사람 이후로 알게 되었어.
너와 마주 하던 단 1분의 그 찰나조차도
'영원한 추억'이 될 수 있음을...

그곳에 가면 취하고 싶다

재즈 스토리

Attractive air	★★★★★+알파
Attractive price	★★☆
Attractive interior	★★★
Attractive people	★★★☆
M's Score	**98**점(재즈는 없지만, 생생한 라이브 선율 감동은 최고)
J's Score	**99**점(추억으로 빠져드는 행복한 재즈 바)

Today's Concept

M's 준비   주말에 가려면 예약은 필수. 특히 좋은 자리를 선점하려면 반드시 예약하고 기세요.

J's 코디   불편한 의자에 오랜 시간 앉아 있어야 하니까 편한 복장이 좋을 것 같아요.

M&J 지출 내역

과일주스 : 11,000원
아이스커피 : 8,000원
공연 관람료(2명) : 10,000원

INFO

Tel   02-725-6537
Open   16:00~12:00(공연 평일 20:30, 일요일 20:00)
Menu   공연 관람료 1인당 5,000원, 커피 7,000원, 아이스티 8,000원, 바나나 밀크 8,000원, 핫초코 10,000원, 레모네이드 · 주스 11,000원, 팥빙수 12,000원, 김치볶음밥 · 스파게티 · 새우볶음밥 15,000원, 낚지볶음밥 · 스테이크 · 커틀릿 20,000원
Location   삼청동길 들어서 직진하여 삼청동 마을버스 종점 삼청공원 가기 전 오른쪽

삼청동 '재즈 스토리'를 안 지 벌써 2년도 넘었군요. 그때만 해도 저는 재즈에 별 관심이 없었는데 사람들의 입에 회자되는 유명한 곳이었지요. 한번 가볼까 하다가 우연히 내부 사진을 보았는데, 깔끔하고 고급스러운 곳을 좋아했을 때라 세상 모든 잡동사니나 버려진 물건으로 가득 찬 고물상 같은 느낌이 들었어요. 그래서 여긴 아니야 하고 딱 잘라버렸어요. 지금 생각해보면 사진 한 장 보고 쉽게 생각한 바보 같은 행동이었던 거지요.

재즈바에 관심을 갖고부터 닥치는 대로 다녀봤는데, 우리나라에 재즈바가 별로 없어요. 제가 잘 못 찾아서 그런 것도 있겠지만 아무래도 국내 재즈 기반이 열악해서라고 봅니다. 결국 더는 찾을 곳이 없다고 하던 차에 재즈 스토리가 생각났지요. '흠, 도대체 어떤 음악을 하기에 사람들이 그렇게 많을까?' 결론부터 말씀드리면 제가 갔을 때 재즈 스토리에는 재즈가 없었어요. 재즈가 아니라 올드팝이 주류였지요.

재즈를 사랑하면 당연히 재즈 스토리의 변화가 안타깝지만 그 자리에 있던 저와 J는 어쩌면 재즈만 고집하는 것도 문제가 있지 않을까 하는 생각이 들었답니다. 지금까지 갔던 다른 재즈바보다 신나고, 재미있고, 공연 끝까지 있고 싶었기 때문이죠. 그래요. 재즈가 좋은 음악인 건 분명하지만 많은 사람의 추억과 함께하는 건 재즈가 아니라 올드팝인 거 같아요. 재즈 스토리에 모인 사람들은 공연을 보면서 과거를 이야기하고, 추억을 보듬으며, 각자 다른 그것들을 이어주는 유일한 다리인 음악으로 하나 되는 시간을 공유했답니다.

담배 냄새 때문에 머리가 아프다던 J를 걱정했는데, 막상 공연이 시작되니까 기분이 완전 업됐답니다. 하긴 저도 사람들이 담배를 너무 많이 피워 답답했는데, 좋은 음악

을 들을수록 기분이 좋아지는 거예요. 공연 마지막까지 있고 싶었는데 그러지 못해서 미련이 남았어요. 보컬은 둘 다 여자였는데, 그중 우리 쪽으로 앉았던 이의 목소리가 얼마나 좋던지 J와 감탄을 금치 못했어요. 대한민국에서 이런 분위기의 재즈바(재즈바라고 하기엔 재즈가 없지만)를 절대 볼 수 없을 거예요. 그만큼 독특한 인테리어와 선곡으로 많은 사람에게 인기를 얻는 곳입니다. 그럼 J와 제가 오랜만에 박수치면서 노래를 따라 불렀던 재즈 스토리로 들어가 볼까요?

재즈 스토리를 애기할 때 빼놓을 수 없는 게 바로 허물어져 가는 듯한 외관입니다. 어떤 사람은 우주선 같다고도 하는데, 자세히 보니 그런 것 같기도 하더라고요. 멀리서 보면 그럴듯한데, 가까이서 자세히 보면 온갖 잡동사니 집합체 같습니다. 쓰다 버린 우산에 선풍기, 괭이, 태극기까지…. 굳이 이곳의 콘셉트를 애기하라면 '무질서' 가 아닐까요? 시끌시끌한 목소리가 밖에까지 들리는 걸 보니 손님이 많이 있나봅니다.

재즈 스토리 내부는 한마디로 사람을 어리둥절하게 합니다. 독특한 외관과 인테리어로 유명해졌다는 소문은 익히 들었지만 이 정도일 줄은 미처 몰랐거든요. 사진을 유심히 보면 1970년대라고 해도 믿을 만한 곳, 오히려 그때 생겼어도 사람들이 좋아하지 않았을까 싶은 인테리어라고 하는 게 맞겠네요. 인테리어라는 말을 써도 되나?

익숙하지 않아 불편한 모든 것은 사람들이 자리를 잡으면서 흥겨운 축제 마당으로 변한답니다. 아이러니하게도 사람들의 시끄러운 소리가 재즈 스토리의 혼란한 분위기와 묘하게 어울리면서 유쾌한 분위기를 연출하더라고요. '이곳을 만들어가는 사람은 주인이 아니라 바로 여러분입니다' 라고 외치는 것 같았어요.

재즈 스토리만의 독특한 소품들을 잠깐 소개할게요. 소품이 워낙 특이해서 그냥 넘어갈 수 없어요. 먼저 의자를 보면 당장이라도 먼지가 날릴 것 같은데다가 청테이프를 덕지덕지 붙여놓은 것이 재활용도 안 될 것 같아요. 거기에 유리창에는 새시가 아니라 1970년대 많이 썼던 철근이 처져 있답니다.

뭐니 뭐니 해도 가장 큰 수수께끼는 천장의 수많은 스티로폼인데요. 전자제품 상자에 있던 스티로폼들을 버리지 않고 모아 천장에 붙여놓은 것 같아요. 마치 〈스타워즈〉의 우주선 같았어요.

출입문 위에 걸려 있어 잘 안 보게 되지만 알고 나면 깜짝 놀랄 박정희 대통령 친필

'저축은 국력' 액자가 눈에 띄더라고요. 그럼 진짜 1970년대부터 있었다는 애기인가요? 재즈 스토리가 더욱 궁금해집니다. 공연무대 뒤에도 공간이 있는데, 이곳 벽은 전부 1960~70년대 영화 포스터로 도배했답니다. 천장 곳곳에 붙어 있는 지폐와 증조할머니 방에서나 봤음직한 오래된 괘종시계까지 정말 없는 게 없는 만물상이더군요. 여러분에게 소개하면서 또 한 번 놀랍니다.

재즈 스토리의 공연 무대에는 다른 곳과 달리 턱이 없습니다. 관객과 똑같은 높이에서

공연한다는 것이지요. 무대 바로 앞에 테이블과 의자가 있답니다. 이렇게 관객 코앞에서 연주하면 엄청 부담이 될 텐데도 전혀 그런 기색 없이 수준급의 실력을 보여주더군요. 재즈 스토리가 아무리 잡동사니를 모아놨다고 하지만 음악만큼은 최고를 지향하려고 애쓴 흔적이 역력합니다. 그랜드 피아노가 그 증거이고요, 두 번째가 사람 키보다 더 높은 스피커랍니다. 소리가 어찌나 좋던지 음악으로 승부하려는 주인의 마음이

잘 나타나는 듯해서 흐뭇했답니다.

밴드는 지금까지 본 것 가운데 규모가 가장 컸답니다. 무려 일곱 명이었어요. 보통은 세 명으로 족한데 말이지요. 아무래도 재즈가 아니라 팝 쪽으로 연주하다 보니 피아노, 리드 기타, 베이스 기타, 바이올린, 드럼, 보컬 두 명으로 구성되었나 봅니다. 특히 다른 악기에 비해 많이 묻히는 경향이 있는 베이스 기타를 일렉트릭으로 한 대신 리드 기타를 통기타로 해서 현장에서 듣는 관객의 귀를 더 즐겁게 해줬다는 데 박수를 보내

고 싶어요. 바이올린의 음색도 잘 어울려서 좋았고요.

쓸 말이 많다보니 이야기가 길어졌군요. 그만큼 독특하고 인기 있는 곳입니다. 여러분이 공연을 보러 오지 않는다면 이곳은 그다지 매력적이지 않을 겁니다. 하지만 공연과 함께한다면 재즈 스토리는 대한민국 최고 공연장이라고 장담합니다. *Edited by* M

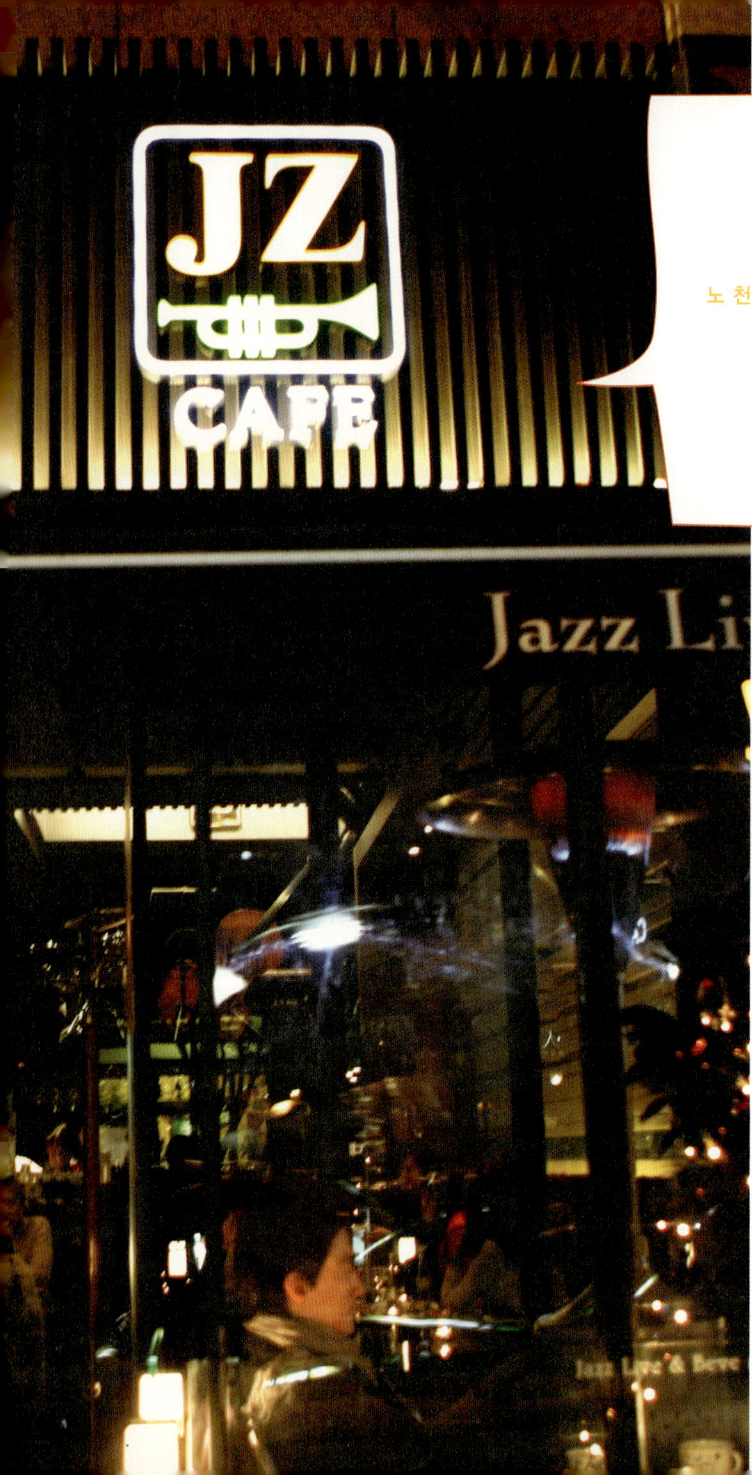

노천카페 가득 흘러넘치는 낭만적인
라이브 선율

JZ

Attractive air	★★★★★
Attractive price	★★★★★
Attractive interior	★★★★★
Attractive people	★★★★
M's Score	**99**점(모든 재즈바들의 벤치마킹 대상)
J's Score	**100**점(로맨틱한 재즈 선율과 데이트)

Today's Concept

M's 준비　테이블이 몇 개 되지 않아 서두르지 않으면 자리가 없을 수도 있으니, 공연 30분 전에 도착해야 해요.

J's 코디　늦은 저녁 분위기 있는 재즈음악과 함께하는 데이트인 만큼 여성스럽게 치마에 블라우스를 입어보세요!

M&J 지출 내역

고구마라테 : 9,000원

홍차 : 9,000원

공연 관람료(2명) : 10,000원

INFO

Tel	031-713-2888
Open	14:00~01:00, 공연 평일(20:30, 22:00) 주말(20:00, 21:30)
Menu	공연 관람료 1인당 5,000원, 차 종류 7,000원부터, 맥주 7,000원~, 라테 8,000원부터, 홍차 9,000원부터
Location	분당 정자역 4번 출입구로 나와 수내역 쪽으로 직진, 궁내 사거리에서 좌회전하여 200미터 직진 후 우회전하면 정자동 카페 거리 오른쪽

우리는 특별한 날이 아니어도 생일이나 기념일인 것처럼 분위기를 잡고 데이트하는 경우가 가끔 있어요. 회사생활로 피곤해진 일상에 둘만의 이벤트만큼 큰 활력소는 없으니까요. 오늘은 M과 늦은 저녁을 먹고 정자동 카페 거리로 향했어요. 오랜만에 간 카페 거리는 여전히 화려하고 시끌벅적했는데, 그곳을 거니는 것만으로도 신선한 공기를 마시는 것 같더라고요.

그렇게 M의 손을 잡고 한참 산책하다 재즈 카페가 보이기에 들어갔어요. 생긴 지 오래되지는 않았지만 공연을 볼 수 있다는 점 때문에 인기 급상승한 카페라 그런지 손님이 많았어요. 따뜻한 차와 함께 M과 수다를 즐기는 동안, 공연 준비가 끝나고 손님들의 박수소리와 함께 재즈 공연이 시작되었어요. 카페 내부는 복층이라서 1층 카페 손님이 고개를 들면 2층 재즈공연 무대를 한눈에 볼 수 있어요. **작은 공간이지만 실용적인 공연 무대 덕분에 가까이에서 재즈 선율을 느낄 수 있는 장점이 있어요.** 공연을 2층에서 하기 때문에 앞 사람이 연주자 모습을 가리지도 않아 편안한 시선으로 재즈를 즐길 수 있어요.

여기도 공연시간에는 다른 재즈 카페와 마찬가지로 공연 관람료를 따로 받지만 큰 공연장에서 보는 콘서트 못지않은 즐거움과 감동이 있어 아깝다는 생각이 들지 않는답니다. 오히려 연인의 손을 잡고 재즈를 들으며 이야기를 나눌 수 있어 더 좋은 것 같아요. 일상에 쫓겨 공연 문화에서 한 발 물러난 분이라면, 어둠이 내려앉은 밤에 정자동으로 가세요. 분위기 있고 연인들의 사랑이 함께 있어 더욱 감미로운 'JZ'가 여러분을 기다릴 테니까요.

정자동 거리를 걷다 보면 JZ라는 글자가 환하게 빛나요. 정자동 카페들이 그렇듯, 작은 공간에서 재즈 공연을 한다면 믿지 못하는 분이 많을 거예요. 어떤 모습일지 궁금해

하며 안으로 들어가면 이른 시간부터 재즈 공연을 보려고 자리 잡은 연인들로 카페가 북적입니다.

JZ는 라이브 재즈를 들으며 이야기를 나눌 수 있고, 달콤한 커피를 즐기며 분위기 있게 보낼 수 있어서 연인들의 사랑을 많이 받고 있어요. 우리가 간 날도 테이블은 모두 연인들로 꽉 찼답니다.

재즈에 잘 어울리는 드럼과 피아노, 멋진 음색을 내는 콘트라베이스까지 준비를 마친 무대에서는 연주자들이 공연이 시작되기를 기다리는 사람들의 시선을 받으며 음을 가다듬고 있었어요.

기다리는 지루함을 잊으려고 차를 주문했어요. 로맨틱한 촛불과 함께 나오는 홍차는 공주처럼 대접받는 기분이 들 만큼 아름다웠는데, JZ의 분위기에 맞게 고급스럽고 세련되어 보였어요. **대부분의 재즈카페가 칵테일이나 맥주를 캐주**

얼하게 즐기는 분위기라면 JZ는 분위기 좋은 카페에서 덤으로 재즈 공연을 즐길 수 있는 곳이라고 생각하면 돼요. 거기에 달콤한 고구마 라테까지 곁들이면 이제 소곤소곤 수다만 떨면 된답니다.

JZ는 짙은 원목으로 만든 벽이 시멘트 기둥과 조화를 이루는데, 원목 벽에 걸린 재즈 음악가들의 사진을 보면 JZ가 재즈를 얼마나 사랑하는지 알 수 있어요.

사람들의 시선이 머무르지 않는 천장 가까운 벽까지 재즈가 주는 멋진 여운을 사진으로 꾸며놓았는데, 이런 세심함은 한국재즈음악학회 회장을 맡고 있는 주인장의 마음을 닮은 게 아닐까 하는 생각이 들더라고요. JZ가 더욱 유명해진 것은 주인장의 이력 덕분이기도 한데, 그만큼 재즈 음악에서는 누구에게도 지지 않는 열정과 사랑이 있기 때문에 사람들의 공감도 많이 얻는 것 아닐까요? JZ의 매력에 푹 빠질 때쯤 공연이 시작되었어요.

나이가 지긋한 분들로 구성된 트리오의 무대가 어떻게 펼쳐
질까 궁금해 하며 지켜보았는데, 연주 실력이 상당해 카페
손님들은 감동의 물결에 휩싸였답니다.

때로는 부드럽게, 때로는 강렬하게 재즈라는 음악 하나로 열정적인 공연 무대가 펼쳐
졌는데, 아쉽게도 한 시간에 걸친 공연이 막을 내렸어요.

재즈가 감정 표현을 대신할 또 하나의 멋진 음악 장르라는 사실에 즐거운 시간을 보낸
것 같아요. 유명가수의 콘서트를 본 것처럼 뿌듯했고요. 바쁘다는 핑계로 사랑하는 연
인을 외롭게 했다면 저녁 늦게라도 함께 정자동 JZ로 가보세요. 로맨틱한 카페 분위기
에 더해지는 재즈 공연이 연인에게 웃음을 줄 테니까요. *Edited by*

Bienvenus à notre
ere atelier de gâteaux!
L'art de notre chef
pâtissier chevronné sublime
le goût de produits naturels
soigneusement choisis.
Ce gâteau n'utilise que des

깜짝 서프라이즈, 단둘이 떠나는 재즈의 향연

클럽 에반스

Attractive air	★★★★★
Attractive price	★★★☆☆
Attractive interior	★★★★☆
Attractive people	★★★★☆
M's Score	98점(대학 라이브공연 문화가 부담스러웠다면 생각이 달라질 것)
J's Score	98점(음악과 젊음의 열정이 살아 숨 쉬는 공간)

Today's Concept

M's 준비   주차하기 어려우니 대중교통을 이용하세요. 좋은 자리를 맡으려면 일찍 가는 게 좋아요.

J's 코디   홍대 앞이라는 점을 감안해서 불편한 정장 스타일은 피하세요. 음악은 마음 편히 즐기는 게 제일이니까요.

M&J 지출 내역

맥주 두 병...10,000원
공연 관람료(2명) : 10,000원

INFO

Tel	02-337-8361
Open	19:30부터(공연 21:00~23:00)
Menu	공연 관람료 1인당 5,000원, 모든 음료 5,000~6,000원
Location	홍대 극동방송국 맞은편 세븐일레븐 2층

목요일인데도 J와 홍대 앞으로 향했습니다. J가 인디밴드 음악을 듣고 싶다고 해서요. 이럴 때는 당연히 라이브로 즐길 수 있는 홍대가 제격 아니겠어요? 그런데 홍대로 가는 길에 곰곰 생각해보니 아무래도 언더그라운드 음악은 스탠딩 공연이어서 너무 시끄러울 것 같았어요. 이제 우리도 서로 목소리가 안 들리는 곳에서 미친 듯 소리를 질러가며 공연 삼매경에 빠지기는 힘든 커플 아니겠어요? 그래서 재즈클럽으로 소문난 '클럽 에반스'에 가기로 했답니다.

홍대 주변의 수많은 재즈바 가운데 굳이 클럽 에반스로 가려고 한 이유는 크리스마스이브나 밸런타인데이처럼 특별한 날에는 공연 두세 시간 전부터 자리가 찬다는 말을 들었기 때문이지요. 재즈가 대중에게 사랑받을 장르는 아닌데, 어찌 그렇게 인기가 많을까 궁금하기도 했고, 이벤트가 있는 날 자리가 빨리 찬다는 것은 곧 여자들이 좋아할 만한 뭔가 있다는 뜻이니까 J도 틀림없이 좋아할 거라 믿었기 때문이에요.

홍대 앞에 가면 늘 먹는 닭곰탕을 맛있게 먹고, 공연 시작 30분쯤 전에 가서 기다리자며 클럽 에반스로 향했습니다. 그런데 문을 열고 들어서는 순간 깜짝 놀랐답니다. 손님이 어찌나 많은지 입이 쩍 벌어졌어요. 오죽했으면 다시 나가 클럽 에반스가 맞는지, 혹시 메탈 음악 클럽은 아닌지 확인까지 했다니까요. 분명 재즈로 유명한 클럽 에반스가 맞는데 재즈를 좋아하는 사람이 이렇게 많은가 하고 고개를 갸우뚱했어요. J도 예상보다 훨씬 많은 사람 때문에 연신 우와~ 하면서 두리번거렸답니다. 일단 냉정을 찾은 뒤 찬찬히 둘러보니 연령대가 정말 다양하더군요. 양복 입은 아저씨부터 캔버스화를 신은 대학생 새내기까지 남자도 많고, 여자도 많고, 남자끼리 온 사람도 많고, 외

국인도 많았어요. 이야, 정말 뭔가 있구나. 이곳에는 정말 뭔가가 있다고 여겼답니다. 자리가 없어 무대에서 가장 멀리 떨어진 곳에 앉았는데, 1부가 끝나고 2부 때 앞자리가 비어 잽싸게 자리를 잡았지요.

클럽 에반스를 빛나게 하는 그 뭔가는 조금 있다 설명하고, 먼저 문을 열고 들어갔을 때 얘기를 할게요. 넓지 않은 공간인데도 거의 30~40명이 공연을 보고 있었어요. 클럽 에반스는 재즈바라고 하기엔 세련되고 환한 분위기여서 여성들이 많이 찾겠더라고요. 제가 아는 재즈바 중에서 인테리어가 가장 괜찮았답니다. 그리고 유심히 살펴보면 모든 의자와 테이블은 공연을 보기 편하게 무대 쪽을 보고 있어요. 즉 서로 이야기하면서 공연을 보는 곳이 아니라 공연할 때 공연만 보는 콘서트장 같은 분위기가 훨씬 강하게 느껴졌답니다. 실제 공연 도중 옆 사람과 잡담하는 사람은 한 명도 볼 수 없었어요.

앞자리에 앉으니 무대를 가까이에서 볼 수 있어 좋았는데, 무대를 참 잘 만들었더라고요. 천장과 벽을 MDF로 만든 상자를 붙여서 꾸몄는데, 인테리어 효과도 있는데다가 방음도 될 것 같고요. 아주 좋은 아이디어 같았어요.

이번 공연에 쓰인 악기를 살펴볼까요? 일렉트릭 기타, 베이스 기타, 드럼, 키보드도 보

였어요. 눈치 빠른 분은 벌써 이상하다 하셨을 거예요. 맞아요. 정통 재즈에는 이런 악기를 쓰지 않는답니다. 정통 재즈에는 피아노, 드럼, 베이스 또는 트럼펫을 쓰지요. 그런데 클럽 에반스에서 연주하는 악기를 보면 록밴드 느낌이 나지요? 물론 정통 록에는 키보드가 없다는 분도 있겠지만요. 바로 이 악기들이 클럽 에반스를 유명하게 해준 그 무언가였습니다.

이런 것들이 클럽 에반스의 음악이 많은 사람에게 사랑을 받는 가장 큰 이유랍니다. 클럽 에반스의 음악은 정통 재즈가 아니었어요. 목요일만 들어서 다른 날은 어떤지 모르겠지만 이 밴드가 연주하는 곡은 재즈라기보다 뉴에이지에 가깝다고 해야 할까요? 아니면 펑키 재즈에 가깝다고 해야 할까요? 하여튼 독특한 음악을 선보이는 밴드였답니다. 음악적 코드는 분명 재즈보다 훨씬 더 대중적이면서 연주 형식이나 기법은 재즈를 따라한 것 같았습니다. 놀랍게도 여기서 연주하는 곡들을 공연 멤버들이 직접 작곡했다는 거예요. 모두 20대 초반쯤으로 젊어 보였는데, 작곡과 연주 실력은 프로입니다. 특히 이펙터를 손으로 돌리면서 기계적 사운드를 뽑아내는데 정말 깜짝 놀랐습니다. 이펙터를 악기로 쓸 수 있다니…. 정말 멋진 공연이었어요. 그 많은 사람이 하나같이 연주에 푹 빠져 환호

하고, 끝도 없이 손뼉치고, 파이팅을 외치며 동화되었답니다.

클럽 에반스는 새로운 클럽문화를 탄생시켰다고 봐야 할 것 같네요. 인디밴드 문화가 젊은 세대의 꿈과 열정을 폭발시키는 활화산이었다고 하면, 클럽 에반스가 주도하는 또 다른 문화는 사회라는 울타리에서 남보다 튀는 것을 싫어하지만 그렇다고 남과 같아지고 싶지도 않은 요즘 세대의 마음을 대변하는 잔잔한 파도 같다고 할까요? 평소에는 잔잔하다가도 어떤 때는 앞뒤 가리지 않고 달려드는 파도처럼 오늘 J와 함께한 이곳도 조용히 음악을 듣다가도 멋진 연주를 축하하고, 힘껏 함성을 질러대는 수준 높은 문화공간이었답니다. *Edited by* Ⓜ

자유의 이름으로 삶에 재즈를 연주하다

올댓재즈

Attractive air
Attractive price
Attractive interior ★★★★★
Attractive people
M's Score   점(정통 재즈바의 선입견을 날린 재즈계의
                 기둥)
J's Score   점(재즈 역사를 맛볼 오래된 카페)

Today's Concept

M's 준비   이태원은 주차하기가 힘들어요. 공연은 밤늦게 시작되니
           대중교통도 불편하지요. 그럴 땐 제일기획 건물 옆의 공영
           주차장이 최고예요.

J's 코디   역사가 오래된 카페라 편하게 재즈 음악을 공유할 수 있는
           복장이 좋아요.

M&J 지출 내역
아이스티 : 8,000원
준벅(칵테일) : 9,000원
공연 관람료(현금) : 10,000원

INFO

Tel   02-795-5701
Open   18:30~01:00(주말 02:00까지), 공연 평일 20:30, 주
            말 19:00, 21:00
Menu   공연 관람료 1인당 5,000원, 아이스티 8,000원, 음료
            8,000원부터, 병맥주 7,000~9,000원, 칵테일
            9,000~12,000원
Location   이태원역 1번 출입구에서 녹사평역 쪽으로 100미터 직진
            해 오른쪽 건물 3층

재즈는 마니아가 아니면 관심을 갖기가 쉽지 않은 장르예요. 왠지 어려울 것 같고, 듣기 난해할 것 같고, 공연을 봐도 대중가요처럼 즐기기 어려우니까요. 그래서 재즈바는 가보고 싶은 곳 1순위이기도 하지만 가장 망설여지는 곳이기도 하죠. 그러다가 이태원에 갈 일이 생겨 M과 함께 재즈 공연 감상에 도전해보기로 했어요. 재즈의 역사가 살아 있는 '올댓재즈(All That Jazz)'에 가서요. 이태원에 있는 이곳은 1976년 생긴 가장 오래된 재즈바여서 국내 재즈 음악이 이곳에서 자리 잡았다고 해도 지나친 말이 아닐 거예요. 재즈바를 열어 공연을 시작한 지 오래되어 낡은 느낌에 빛바랜 곳이 되었지만 그만큼 사랑을 받고 명맥을 유지한 덕분에 요즘도 멋진 공연을 펼친답니다.

우리가 간 날도 손님이 꽤 많았는데 외국인, 나이든 부부, 젊은 커플, 맥주 마시러 온 친구들까지 다양했어요. 어두운 내부에는 작은 무대가 있는데, 사람들과 가까이에서 호흡하는 재즈 공연이 매일 이곳에서 멋지게 펼쳐지지요. 우리가 간 날은 색소폰과 기타, 베이스, 드럼으로 구성된 재즈 공연이 있었어요. 처음 듣는 음악도 금세 리듬을 탈 만큼 편안했는데, 파워풀한 드럼 소리는 그중 제일 매력적이었어요. 잘생긴 드러머의 외모가 큰 몫을 하긴 했지만.

악기 넷으로 환상적인 하모니를 연출하고 각 악기의 특징을 살려 연주하는 내내 손님들은 숨죽여 조용하게, 때로는 흥겨운 박수로 답했어요. 그러면서 가까이 있는 무대와 관객이 하나 되는 듯했어요. 이런 것이 재즈의 매력이겠죠? 그저 편견에 휩싸여 지금껏 알지 못했지만 재즈는 대중가요 못지않은 호소력과 힘이 있으면서도 부드러운 그야말로 살아 있는 음악이란 생각이 들었어요. 아직도 재즈가 어렵게 느껴지는 분들은 연인과 함께 편안한 마음으로 재즈바에 가보세요. 기대 이상으로 감동할 테니까요.

재즈의 역사가 살아 있고 추억처럼 남은 사진들이 멋스럽게 장식된 '올댓재즈.' 3층에 있는 올댓재즈로 가려면 거쳐야 하는 계단 벽에는 재즈에 관한 사진들이 갤러리처럼 잔뜩 전시되어 있어 올라가면서 지루함을 느낄 틈이 없답니다. 사진의 여운이 가슴에 남을 때쯤 화려한 불빛으로 맞이하는 오늘의 주인공 올댓재즈를 만날 수 있어요.

30년 넘게 재즈 공연을 펼치는 곳답게 세련되고 모던한 카페는 아니에요. 오래된 다방? 시골 호프집이 연상되지만, 재즈 음악과 함께라면 어떤 곳보다 멋진 매력을 발산하는 곳이랍니다. 그래서 주말 늦은 시간인데도 재즈 공연을 즐기러 온 사람들로 자리가 많이 찼어요.

세월이 흐르면서 재즈바 한쪽에 자리 잡은 LP처럼 차곡차곡 추억이 쌓여가는 재즈바 올댓재즈. 그 운치 있는 모습도 세월이 자연스레 꾸며준 것이라 생각하니 낡은 느낌도 멋진 인테리어처럼 느껴졌어요. 누렇게 바랜 오래된 사진을 보면 시간을 추억하는 CF의 한 장면처럼 느껴졌고요.

우리나라에서 재즈 음악가로 활동하는 많은 이들이 거쳐 간 무대는 관객과 가까이 호흡할 카페 중심에 있어요. 벽이 없어 다함께 음악을 즐길 수 있고, 생생한 느낌을 마음 속까지 깊이 전달받을 것 같아요. 우리도 무대 가까이에 자리 잡고 앉았어요. 재즈를 좀더 편안하게 느껴보려고요.

자리에 앉아 카페를 훑어보니 꾸밈없는 소박함이 꽤나 멋스럽더라고요. 처음 들어왔을 때 느꼈던 어색함을 금세 잊을 만큼 편안한 매력에 빠져 어느새 팬이 되었답니다.

기다리던 공연 시간, 준비를 마친 연주자들이 하나, 둘 무대로 올라왔어요. 악기를 조율하며 시작된 공연!

기타와 색소폰, 드럼과 베이스 기타 연주가 멋진 화음으로 시작되었는데, 재즈 하면 떠올랐던 난해함은 찾을 수 없었어요. 함께 박자 맞추며 악기 소리에 귀를 기울일 만큼 재즈 음악을 듣는 마음의 여유도 생겼고

요. 악기마다 가지고 있는 고유한 소리를 존중하며 아름다운 화음을 만들어내는 무대는 그야말로 환상적이었어요. 그동안 왜 이런 공연을 보지 않았는지 후회되더라고요.

누구나 처음 시도하는 것에는 편견과 두려움이 있

어요. 하지만 음악에서는 그런 마음이 의미가 없는 것 같아요. 처음 들어보는 음악도
10년 넘게 들어온 것처럼 편안하게 즐길 수 있으니까요. 30년 넘는 세월 동안 사랑
을 받으며, 그 모습을 계속 간직한 이곳에서만큼은 더욱 쉽게 음악에 빠져들 테고요.
재즈의 매력을 느껴보고자 한다면 주저하지 말고 재즈가 시작된 그곳, 올댓재즈로
가세요. Edited by T

혼자인 것이 어색하지 않은,
둘이어서 더욱 충만한 곳

워터콕

Attractive air   ★★★★★
Attractive price   ★★★★☆
Attractive interior ★★★☆
Attractive people   ★★★★☆
M's Score   **96**점(둘만의 데이트가 시작되는 재즈바)
J's Score   **96**점(재즈에 흠뻑 취하는 밤)

Today's Concept

M's 준비   바로 옆에 맛있는 닭곰탕 집 '다락 투'에서 저녁
           을 먹고 공연을 보러 가도 좋을 거예요.

J's 코디   불편한 정장보다는 편하게 즐길 수 있는 옷차림
           을 해보세요.

M&J 지출 내역

병맥주(2병) : 12,000원

공연 관람료(2명) : 10,000원

INFO

Tel   02-324-2422
Open   19:00부터(공연 평일 20:30, 일요일 19:30)
Menu   공연 관람료 1인당 5,000원
Location   홍대 앞 놀이터 옆길 춘천닭갈비집 옆 골목 2층

재즈에 심취했을 무렵 우연히 알게 된 사실인데, 재즈바들이 유난히 홍대 주변에 많이 몰려 있더군요. 홍대 앞은 재즈 문화가 어울리지 않는다고 생각했는데, 여기저기 알아보니까 50퍼센트는 홍대 주변에 몰려 있더라고요. 그중에는 '클럽 에반스'처럼 홍대 특유의 젊은 문화와 타협하며 자신만의 재즈를 이끌어내는 클럽도 있고, '워터콕(watercock)'처럼 정통 재즈를 고수하는 재즈바도 있습니다. 어두운 조명, 딱딱한 의자, 옹기종기 모여 있는 테이블 등이 재즈의 본고장 뉴올리언스의 길모퉁이를 돌아서면 있을 법한 재즈바를 연상시킨답니다.

이곳은 J가 혼자 가서 좋았던지 저를 불러내서 알게 되었습니다. J의 마음을 훔칠 만큼 매력적인 재즈바라고 할 수 있지요. 그렇게 J와 좋은 시간을 보낸 후에도 가곤 했는데, 평일에 가면 가끔 손님이 없을 때도 있답니다. 정통 재즈바라는 특성상 어쩔 수 없겠지요? 그것도 놀거리, 볼거리가 대한민국 최고라는 홍대 앞에서 대중적이지 못한 정통 재즈를 고집하려면 가끔 있을 수 있는 이런 일은 어쩔 수 없어 보입니다.

그러나 워터콕은 손님이 있으나 없으나 한결같이 8시 30분이면 재즈 연주를 시작합니다. J와 저는 성실하고 꾸준한 것이 워터콕의 최대 장점이라고 여깁니다. 가끔 혼자서도 가는데, 병맥주 한 병 놓고 듣는 그 맛 또한 일품이랍니다. 수십 미터 밖에서는 젊은이들

이 모여 화려한 밤 문화를 만들고 또 뿜어내지만 이곳 워터콕에 오면 자기만의 세계를 가진 의식 있는 존재라는 느낌이 강하게 든답니다. 뭔가 밖의 사람들과는 구별되는 나만의 공간이라는 느낌도 들고요. 이런 것이 워터콕만의 매력이라고 할 수 있겠네요.

'야누스'처럼 어둡지만 공연에 푹 빠지지 않고, 나와 재즈 사이에 적당한 간격을 두고 객관적으로 바라볼 수 있습니다. 나의 모든 것을 지우고 재즈와 하나 되는 '클럽 에반스'와 달리 워터콕은 재즈가 내 존재를 더욱더 강렬하게 드러내는 활력소 구실을 하는 느낌이 듭니다. J는 워터콕에만 오면 자기 자신을 다시 한 번 돌아보는 계기가 된다고 입버릇처럼 말합니다. 저도 그런 경험을 할 때가 있어요. 연인이 함께 재즈를 감상하고, 연주자와 얘기도 나누며 우리만의 공간을 만들어가는 워터콕으로 여러분을 초대합니다.

워터콕은 야누스처럼 실내가 어둡습니다. 아마 뉴올리언스의 영향을 받은 듯한데, 뉴올리언스의 재즈바들은 실내가 무척 어두워요. 그런데도 뉴올리언스의 바들은 환하죠. 이 무슨 앞뒤 안 맞는 말이냐고 하실 것 같은데, 뉴올리언스는 더운 곳이에요. 그런데 바들이 대부분 1층에 있어서 바의 문이 모두 활짝 열려 있습니다. 청담동 카페에서 요즘 카페 문뿐만 아니라 그 옆의 벽까지도 문으로 만들어 날씨가 좋으면 활짝 열어놓잖아요? 10년도 훨씬 전에 뉴올리언스에서 그렇게 했어요. 그러다 보니 맞은편 또는 근처 재즈바들의 간판 불빛이 서로 실내조명 역할을 톡톡히 해서 은근히 분위기 있는 밝은 곳으로 변한답니다.

그런데 워터콕은 2층이고, 대한민국이라 그런 효과는 못 보겠네요. 하지만 초록색 조명을 적절히 활용하여 조금은 몽환적 분위기를 연출합니다. 실제는 사진보다 훨씬 덜한데, 사진에 이상하게 초

록빛이 강하게 나왔네요. 워터콕 사진은 인터넷에 거의 없답니다. 그도 그럴 것이 너무 어두워서 일반 카메라로는 사진이 잘 안 나오거든요. 저도 정말 간신히 몇 장 건졌습니다.

워터콕의 무대는 샹송 무대같이 꾸며져 있습니다. 뒤에 쳐놓은 빨간 커튼 때문일 거예요. 초록빛 조명도 한몫했겠지만. 제가 오늘 소개할 밴드는 악기에 변화가 있어요. 보통은 베이스와 드럼, 색소폰이거나 베이스, 피아노, 드럼인데, 일렉트릭 베이스 기타와 베이스를 동시에 넣은 4중주가 콘셉트였답니다. 트럼펫도 있고 일렉트릭 기타도 있어서 그런지 흥겨운 재즈를 많이 연주했어요.

밴드를 잠시 살펴보면 모자 쓴 분이 리더 같은데 색소폰 솜씨가 일품이었습니다. 혼자 간 저를 보고 "원래 인생은 혼자잖아요. 괜찮습니다"라고 말하는 친절한(?) 사람이랍

니다. 드럼 치는 분은 살집이 약간 있는데, 열정적인 연주에 살짝 감동 먹었답니다. 1부 공연만 보고 나와서 미련이 남았지요.

사진이 적어서 아쉽지만 직접 가보면 훨씬 좋을 거라고 생각해요. 애인을 이제 막 만들려는 분들이라도 괜찮아요. 혼자 가도 전혀 이상하지 않은 곳이랍니다.

재즈를 마시고, 술을 마시고, 분위기를 마시고, 마지막으로 나 자신을 들이키고 나면, 인생 참 재미있다는 생각이 드는 곳이기도 하고요.

애인과 이렇게 독특한 재즈바에서 재즈를 러브샷을 해보는 것도 나쁘지 않겠죠? *Edited by* Ⓜ

자유로운 영혼들의 은밀하고 몽환적인
삼청동 아지트

라끌레

우리는 삼청동을 무척 좋아해요. 요즘은 사람들이 많아져서 주말에는 주차도, 걸어 다니는 것도 쉽지 않지만 아기자기한 매력이 있어서인지 자꾸 찾게 되더라고요. 거기에 삼청동을 가득 메운 작은 가게들은 유명하지 않은 곳이 없을 만큼 맛과 분위기로 사로잡기 때문에 삼청동의 인기는 하루가 다르게 높아지는 것 같아요.

노을이 붉게 물든 늦은 오후라 삼청동 수제비에서 배를 채우고 와인과 재즈 공연으로 유명한 '라끌레'에 가기로 했어요. 이름은 많이 들어보았지만 어떤 분위기일지 궁금해서 M과 빠른 걸음으로 갔어요. 삼청동 가게들이 그렇듯 어디 있는지 찾는 것부터가 난관이었지만 고생한 보람을 느낄 만큼 만족하기 때문에 찾아가는 길이 힘든 건 이제 별 일 아닌 것처럼 되었어요. 그래서일까요? 골목에 부끄럽게 모습을 드러낸 라끌레를 만

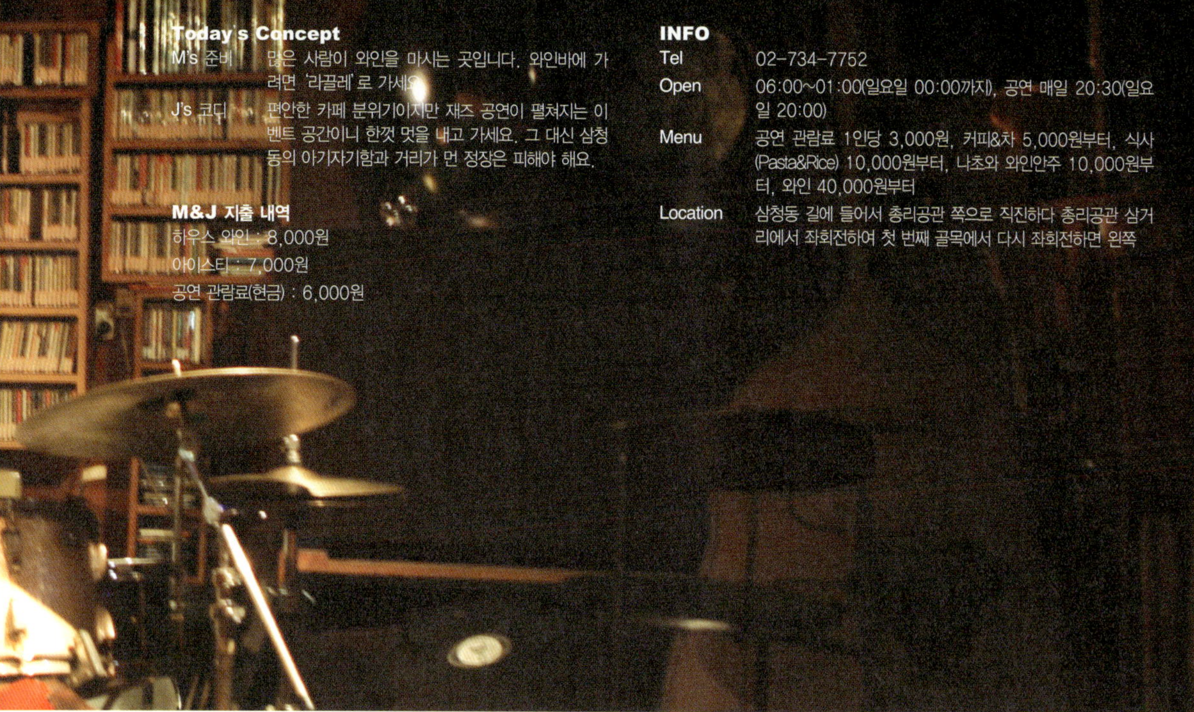

난 순간 알 수 없는 기대와 즐거움으로 설레더라고요.

오래된 나무계단을 따라 지하로 내려가자 선술집 같은 편안한 라끌레가 반갑게 맞아

주었어요. 달콤하면서도 진한 와인 향기가 코끝을 간질이고, 난로에서 타는 나무가 붉

은 빛을 발하는 모습도 꽤 인상적이었어요. 어떤 이들은 힘들게 산을 올라온 사람을 맞

아주는 산장을 닮았다고 하는데, 푸근함과 편안함이 카페에 가득해서 그런 것 같아요.

재즈 공연이 시작되면 라끌레는 열기에 찬 공연장으로, 감미로운 선율이 함께하는 분

위기 있는 카페로 변신하기 때문에 재즈와 함께라면 늘 새로움을 느끼

는 곳이기도 해요. 저녁식사 후 삼청동을 배회하는 분들은 와인과 함께

재즈 공연이 펼쳐지는 라끌레에 가보세요!

총리공관 옆 작은 골목에 있는 라끌레는 골목에 숨어 있어서 찾는 데 시간이 걸리긴 했지만 귀여운 간판을 보자 힘들었던 시간도 금세 잊어버렸어요.

황토벽에 가득 붙은 재즈 관련 포스트와 오래된 소품이 함께 어우러진 라끌레 입구는 마음을 설레게 해요. 내부는 어떨지 궁금해지네요.

은은한 조명 아래 선술집 같은 라끌레가 마음을 사로잡았어요. 사람 사는 냄새가 나는 곳, 와인 잔을 기울이며 웃을 수 있는 친구들이 함께하는 곳. 라끌레는 바로 그런 모습이에요. 정체를 알 수 없는 소품이 여기저기 벽을 차지하고 있고, 의자가 불편해 투정이 나올 법도 하지만 웃음이 떠나지 않는 걸 보면 저처럼 라끌레 매력에 빠진 것 같았어요. 마법에 걸린 것처럼.

매일 밤 재즈 공연과 함께 변신하는 무대는 카페 가장 안쪽에 있어요. 음반으로 가득 찬 장식장과 각종 스피커가 정신없이 자리를 메우고 있어 재즈 공연이 열리는 모습이 잘 그려지지는 않지만 텅 빈 무대만으로도 분위기가 확실히 납니다.

나무 타는 냄새가 달콤한 난로는 라끌레의 자랑거리인데, 추운 날이면 어김없이 난로에 마른 장작을 넣어 온기를 더해주기에 더욱 운치 있지요. 이 난로 때문에 산장이라고 표현하는 사람도 있어요. 쉽게 볼 수 없는 오래된 난로를 볼 수 있다는 사실만으로도 그 가치는 충분한 것 같아요. 고구마까지 구워 먹으면 더 바랄 것이 없겠지만.

난로 말고도 옛 기억을 되돌아볼 수 있는 소품이 벽을 장식하고 있어 와인을 마시고 수다를 떨면서 라끌레 구석구석을 구경하느라 시간이 모자랄 지경이랍니다.

이런 분위기를 한층 고조시키는 것이 조명인데, 모양도 제각각이고 위치도 달라 어느

Jazz Club
라 끌레
La Cle
YAMAHA
YAMAHA
94 15

곳은 밝고 어느 곳은 어두워요. 하지만 그 나름의 효과가 라끌레 분위기에 큰 몫을 하기에 꾸미지 않은 모습이 더욱 매력적으로 다가오는 것 같더라고요.

공연 시작 전 자리를 잡고 앉아 와인과 음료수를 주문했어요. 의자가 딱딱해 편하지는 않지만 공연과 분위기로 크게 보상해주기 때문에 불평하는 사람은 없어요. 가끔 모르는 사람과 나란히 앉아 공연을 보더라도 불편한 마음을 드러내는 사람 또한 없답니다. 기대에 찬 마음으로 공연을 기다리는데 드디어 화려한 재즈 공연의 막이 올랐어요. 드럼과 피아노, 콘트라베이스가 선사하는 재즈의 밤. 세 악기가 만들어내는 환상적인 음악에 사람들은 이야기를 멈추고 음악에 빠져들었어요. 드럼의 섬세한 연주, 피아노의 아름다운 움직임, 분위기 있게 울려 퍼지는 현악기. 라끌레의 분위기와 잘 어우러져 함께 즐기는 음악으로 재탄생한 재즈가 참 매력적으로 다가왔어요.

사람 냄새 나는 선술집에서 담배 연기 자욱한 멋진 재즈를 만나는 곳. 기대 밖의 모습을 보여준 라끌레에 또 한 번 감동했어요.

수다와 와인의 달콤함이 그리운 날에는 볼 것도 많고 사람들로 북적이는 재즈바 라끌레에 가보세요. 무심코 지나치기에는 한없이 많은 것을 보여주는 곳이니 실망하지 않을 거예요. *Edited by*

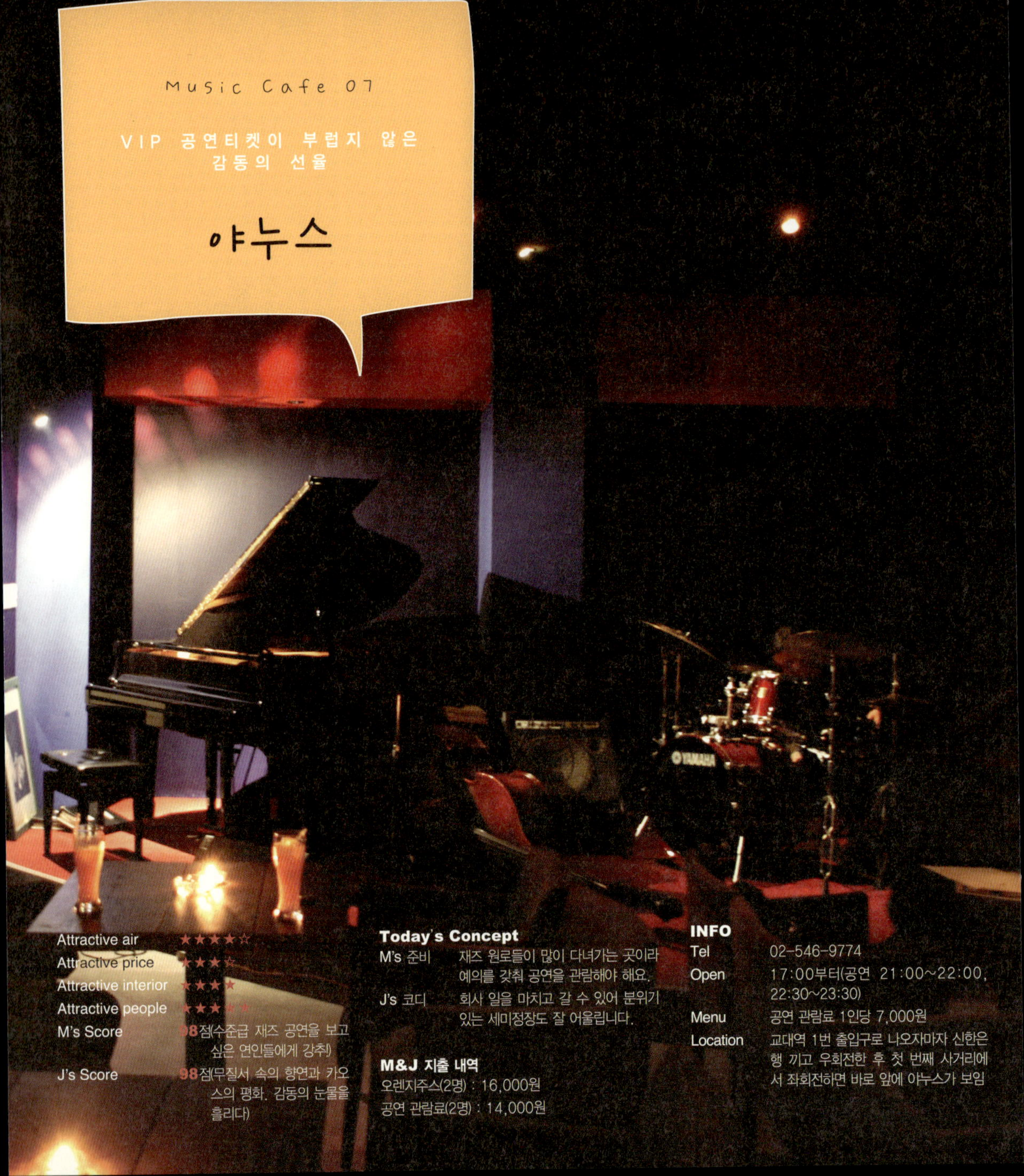

Attractive air	★★★★☆
Attractive price	★★★☆
Attractive interior	★★★☆
Attractive people	★★★☆

M's Score 98점(수준급 재즈 공연을 보고 싶은 연인들에게 강추)

J's Score 98점(무질서 속의 향연과 카오스의 평화. 감동의 눈물을 흘리다)

Today's Concept

M's 준비 재즈 원로들이 많이 다녀가는 곳이라 예의를 갖춰 공연을 관람해야 해요.

J's 코디 회사 일을 마치고 갈 수 있어 분위기 있는 세미정장도 잘 어울립니다.

M&J 지출 내역

오렌지주스(2명) : 16,000원
공연 관람료(2명) : 14,000원

INFO

Tel 02-546-9774

Open 17:00부터(공연 21:00~22:00, 22:30~23:30)

Menu 공연 관람료 1인당 7,000원

Location 교대역 1번 출입구로 나오자마자 신한은행 끼고 우회전한 후 첫 번째 사거리에서 좌회전하면 바로 앞에 야누스가 보임

박성연이라는 유명한 재즈 보컬을 아시나요? 재즈를 조금이라도 접해보았다면 들어봤음직한 재즈계 대모 박성연 님께서 오래전부터 꾸려온 곳이 '야누스' 입니다. 그런데 야누스는 재즈바 중에서 성적이 그다지 좋지 않습니다. 지금 소개하는 야누스는 교대에 있는데, 원래는 청담동에 있었지요. 그러다가 재정사정이 악화되어 문을 닫았는데, 반갑게도 교대역 가까운 곳에 다시 문을 열었지요.

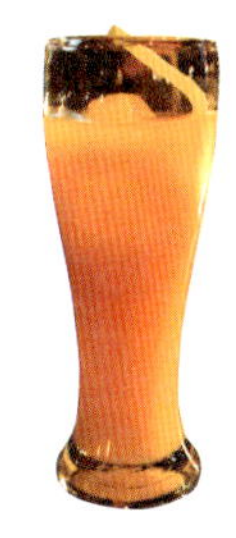

야누스에 들어서니 어둡게 느껴졌습니다. 재즈 거장답게 재즈 정통성을 유지해온 열정에 박수를 보내면서도 안타까웠습니다. 재즈바가 재즈음악을 듣기 위한 공간으로만 살아남기에는 요즘 카페가 트렌디하고 산뜻하기 때문입니다. 그래서 그런지 공연 30분 전이었는데도 우리 둘밖에 없어서 속상했습니다. J는 우리 둘만의 공연이 될 것 같다면서 흥분한 것처럼 보였지만 전 야누스가 힘이 부쳐 없어지지 않을까 걱정되더라고요. 그러나 공연이 시작되면서 하나 둘씩 사람들이 모여들고, 텔레비전이나 잡지에서 봤을 것 같은 유명인들이 많이 왔습니다. 오늘의 하이라이트는 당연히 재즈 공연이었습니다. 재즈바의 하이라이트가 재즈임은 당연한데도, J와 재즈바를 돌아다니면서 이렇게 감동받은 적이 있나 할 만큼 뭉클했습니다. 공연을 보면서 눈물이 핑 돌았어요. 재즈를 좋아하긴 하지만 이렇게까지 훌륭한 음악인 걸 모르고 살았다니. 감동과 미안함이 동시에 북받쳐올라 눈물을 참느라 고생했어요.

'정연주 트리오' 의 연주 실력은 가히 최고였답니다. 어느 정도였나 하면 공연에 빠져들기 시작하니까 연주자는 무대에서 자취를 감추고, 악기 혼자 소리를 내면서 대화하는 게 아니겠어요? 오버라고요? 아니에요. 진짜 그런 느낌이었어요. 리더인 베이스가

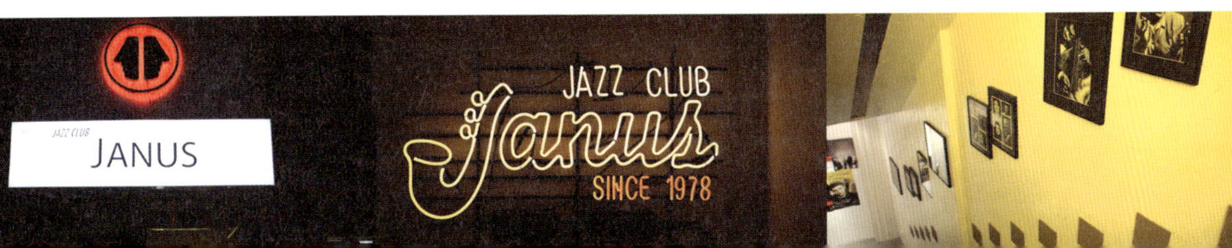

"어디 나처럼 할 수 있어?" 하면서 흥겹게 연주하면 피아노가 베이스 화음 그대로 자신만의 색깔로 되받아치지요. 그러면 드럼이 "나도 할 수 있다고" 하면서 베이스와 피아노의 흥을 돋우었다고요. 악기끼리 대화한다는 그런 느낌을 분명히 받았답니다. 여러분도 꼭 야누스에 가서 저와 같이 느끼길 바랍니다.

야누스 인테리어는 젊은 사람들의 취향에는 맞지 않습니다. 그래서 이 책에서 소개해야 하나 고민도 많이 했어요. 하지만 야누스는 음식점은 음식이 맛있어야 하고, 카페는 분위기가 좋아야 하는 것처럼 재즈바에서는 재즈가 좋아야 한다는 평범한 진리를 우직하게 실천하는 공간이랍니다. 그래서 이런 훌륭한 공연을 듣지 않고 느끼지 못하면 불행하다는 생각이 들어 여러분에게 추천합니다. 애인과 말 한마디 못하고 두 시간 동안 공연만 보게 될지도 몰라요. 콘서트장보다 더욱 숨죽이며 데이트하게 될지도 모른답니다. 하지만 공연이 끝난 후 야누스에서 나오는 여러분의 발걸음은 가벼울 거예요.

청담동 야누스가 문을 닫고 3개월 공백기를 거쳐 박성연 님이 다시 열었다는 교대 야누스에 J와 함께 가면서 걱정이 많았습니다. 혹시 경제적인 이유 때문에 재즈바가 볼품없으면 어떡하지 했는데, 간판을 보자마자 기우였음을 알게 됐어요. 깔끔한 하얀 바탕에 선명하게 새겨진 'JANUS' 라는 글자가 상당히 고풍스러웠지요. 야누스는 지하 1층에 있는데, 입구까지 깨끗하고 산뜻했답니다.

앞에서도 말씀드렸듯이 야누스의 첫 느낌은 어둡다는 것입니다. 조금 더 밝았으면 하는 아쉬움이 남더군요. 공연이 9시부터이니 많은 사람이 와인이나 맥주를 마시면서 본다면 어두운 것도 그리 나쁘지는 않을 거라는 생각도 들었어요. 결국 야누스 방문 목적의 차이라고 할 수 있는데, J와 저는 순수하게 공연을 보러 갔기 때문에 좀 밝았으면

하는 거지만 단둘만의 분위기 있는 데이트를 즐기려면 어두운 것도 괜찮다는 생각이
드네요.

무대만 약간 밝은데, 빨갛고 파란 원색을 사용해서 포인트를 준 것은 꽤 괜찮은 아이디
어라는 생각이 들었어요. 조명도 무대 위 연주자들을 빛나게 해줄 만큼 충분했고요.
직원들도 유니폼을 입고 정중하게 인사하는 것을 보니 야누스가 꽤 고급스러운 재즈
바라는 느낌이 강하게 들었답니다. 다음에는 와인을 꼭 마셔봐야겠어요. 재즈와 함께
하는 와인은 어떤 맛일지 사뭇 궁금하네요.

무대 디자인은 무척 마음에 들었어요. 빨간 카펫 위에 악기들이 놓여 있고, 벽은 빨간
색 지붕과 파란색 기둥을 배치해 고급 재즈바 분위기를 한껏 살렸답니다. 피아노도 제
가 좋아하는 그랜드 피아노. 음향장비도 잘은 모르지만 꽤 비싸 보이던데요. 여담이지
만 재즈를 처음 들을 때는 피아노 소리에 끌렸는데, 귀에 익을 정도가 되니까 베이스에
더 정이 가더라고요. 잘 안 들리는 소리인데도 말이지요.

9시부터 공연인데, 8시 30분도 안 돼서 연주자들이 준비를 하더라고요. 처음엔 손님이
우리뿐이었거든요. 그런데도 리허설하고, 최선을 다해서 공연하는 모습에 감동받았어
요. 연주자의 실력은 제가 본 공연 중 최고였답니다. 수준 높은 공연에 고맙다는 인사
까지 하고 나왔어요. 피아노 연주자의 손이 얼마나 아름답던지. 피아노 잘 치는 사람
에게 반한 적은 있어도 피아노 잘 치는 손가락에 반한 건 처음이에요. 보컬은 게스트였
는데, 텔레비전에도 출연할 만큼 실력이 뛰어난 분이었어요.

야누스에서 보낸 두 시간은 저에게 많은 것을 주었어요. 재
즈를 다시 한 번 생각할 기회가 됐고, 악기를 하나 꼭 다루고
싶다는 꿈도 갖게 됐지요. 무엇보다도 J에게 정통 재즈를 보여줄 수 있어서
무척 기뻤답니다. 앞으로도 야누스가 계속해서 우리 옆에 있어줬으면 좋겠습니다. 훌
륭한 연주를 마음껏 들을 수 있다는 것만으로도 가슴 뿌듯하니까요. *Edited by* Ⓜ

DJ 아저씨와 함께 즐기는 올드팝의 추억

상상

Attractive air	★★★★★
Attractive price	★★★★★
Attractive interior	★★★★
Attractive people	★★★★★

M's Score **98**점(추억, 음악 그리고 당신과 나, 그걸로 충분하다)

J's Score **98**점(올드팝이 울려 퍼지는 헤이리의 컬처 플레이스)

Today's Concept

M's 준비 평소 듣고 싶던 올드팝 열 가지쯤 적어가세요. 친절한 주인이 다 찾아 틀어준답니다.

J's 코디 격식을 차릴 필요는 없어요. 트레이닝복을 입고 가도 괜찮을 만큼 편안한 곳이니까요.

M&J 지출 내역

유자차 · 코코아 · 커피 : 15,000원

INFO

Tel 031-949-9963

Open 11:00~21:00

Menu 다방커피 4,000원, 맥주 4,000~8,000원, 음료수 4,000원부터

Location 파주 헤이리 6번 게이트로 들어가 안상규 스튜디오를 끼고 우회전하면 안상규 스튜디오 뒤에 위치

비틀스의 〈Hey Jude〉 아시죠? 제가 좋아하는 비틀스 노래예요. 1968년에 발표됐지만 40년이 지난 지금까지도 사랑을 받는 걸 보면 비틀스의 음악 그리고 올드팝 장르는 정말 대단하다는 생각이 들어요. 가사는 자세히 모르지만 귓가에 맴도는 음색만으로도 '아, 이 노래!' 하며 흥얼거리는 노래가 올드팝 아닐까요. 이런 추억의 노래가 있는 곳이 어딜까 한참 찾다 얼마 전 헤이리에 생긴 카페를 알게 되었어요. 트레이닝복 차림으로 손님을 맞기도 하는 이곳은 옆집 아저씨와 아줌마가 운영하는 것 같은 편안함이 있는 곳이기도 해요.

헤이리의 밤을 더욱 흥겹게 만들어주는 뮤직카페 '상상'은 갤러리처럼 많은 작품이 전시되어 있어 음악을 듣는 것뿐 아니라 보고 감상하는 즐거움도 덤으로 얻어갈 수 있어요. 거기에 뮤직카페에서 빠질 수 없는 벽을 가득 메운 음반까지 헤이리에 탄생한 뮤직카페는 늘 기대 이상의 만족을 주었어요.

이런 곳에서 듣는 〈Hey Jude〉는 어떨까? 신청곡으로 적었어요. 흐뭇해하시는 아저씨 표정과 기대에 찬 제 모습에 M은 뭐가 그리 신나는지 연방 웃기만 하더라고요. 드디어 침묵을 깨고 노이즈 섞인 비틀스 음악이 시작되었어요. 편안한 리듬감에 아저씨와 함께 노래 안에서 공감대가 형성된 것 같았어요. 좋아하는 음악을 함께 듣는 것만으로도 친구가 된 듯한 기분도 들었고요. 추억의 팝송이 있어 그리움과 행복이 머물러 있는 곳 상상. 기억 속의 노래가 흥얼거려지는 날에는 푸근한 DJ가 음악을 틀어주는 상상으로

가보세요.

깜깜한 밤에 찾은 헤이리의 컬처 플레이스 '상상' 카페. 올드팝의 그리움을 달래줄 곳을 찾아 서둘러 출발했지만 밤이 되어서야 도착했어요.

특별 손님까지 모시고 오다보니 더욱 지체됐지만 함께 음악을 듣는 이가 있다는 것만으로도 행복한 곳이라 상상에서 보낸 시간은 정말 행복했어요.

음악과 미술을 사랑하는 사람은 남녀노소 누구든 언제나 즐기다 갈 수 있는 동네 슈퍼마켓처럼 편안한 곳이지만 화려한 인테리어는 사람의 마음을 한번에 사로잡는답니다.

카페 주인이자 DJ로 활동하는 아저씨만의 음악 공간 반대편에는 빈틈없이 자리한 수많은 그림이 갤러리 못지않은 볼거리를 제공하지요.

거기에 의자와 촛불이 멋진 소품으로 변신해 상상의 환상적인 모습을 더욱 빛내주어요.

LP판 뒤에는 음악을 들으며 마실 수 있는 음료들이 있는데, 음악 카페답게 독특한 메뉴판이 인상적이었어요. 제 조카의 얼굴만 한 레코드판이 추억처럼 사람들의 마음을 흔들어놓는 것 같았어요.

마실 거리를 주문하면 아저씨가 펜과 종이를 주세요. 신청곡을 받아 음악을 틀어주겠

다고 하는데, 텔레비전에서나 보던 카페 DJ 모습이 연상되더라고요. 제가 좋아하는 노래와 M이 듣고 싶은 노래 몇 곡을 적어 아저씨에게 드렸어요.

부모님 연세 정도 되는 DJ는 안경을 찾아 쓰고는 여러 앨범을 꺼내 우리가 신청한 노래들을 하나하나 틀어주었어요. 아저씨가 듣고 싶은 노래도 몇 곡 틀어주었고요. 꽤나 많은 음반이 있는데도 신청곡이 없을 때는 같은 가수의 더 좋은 노래까지 선곡해주더라고요. 하지만 제일 좋았던 건 우리와 함께 음악을 즐기는 모습이었어요. 조용한 목소리로 흥얼거리기도 하고, 눈을 감고 노래를 음미하는 모습에 더 정이 가더라고요. 그렇게 모두 흥겹게 퍼지는 올드팝 안에서 하나가 되고 있었어요. 조카와 함께 먼 곳까지 따라나선 동서도 나름대로 멋진 시간을 보낸 것 같았고요.

따뜻한 차를 마시며 음악에 취하고, 화려한 그림을 보며 마음의 여유를 되찾을 수 있는 곳. 상상 뮤직카페는 우리에게 바로 그런 곳 같아요. 이런 카페가 헤이리라는 먼 곳에 있어 아쉽지만 그래도 가끔 헤이리에 올 때마다 들르기로 마음먹었어요.

통기타를 치며 올드팝의 세계에 빠질 수 있는 헤이리의 아름다운 공간 상상. 너무 익숙해져 노래 제목마저 까먹고 살지만 언제 들어도 반갑게 따라 부를 수 있는 노래가 가득한 곳으로 추억 여행을 떠나보세요. DJ 아저씨가 선곡해주는 노래만 들어도 옛 추억에 잔잔히 젖게 되는 카페 상상으로요. *Edited by* 🌶

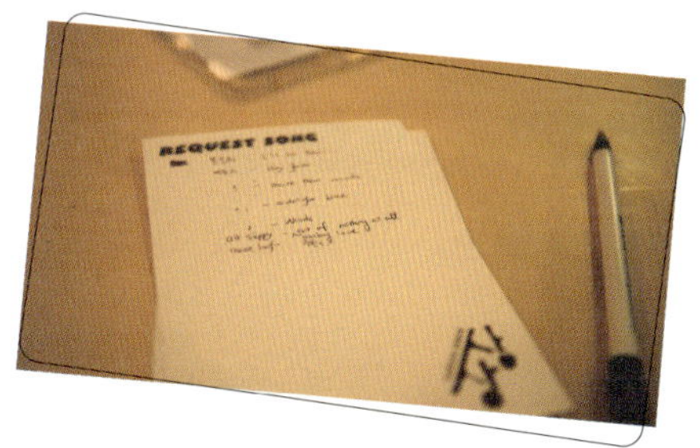

Theme 03_World Culture

세상에 하나뿐인 우리 사랑에 걸맞은
특별한 문화의 정취!
도심 속에서 즐기는 판타스틱한 보물 놀이터

늑근가 내게 왜 당신을
사랑하는지 물는다면
나는 대답할 수 없다.
단지 당신이 그곳에 있었을 뿐,
단지 그 숱많은 사람들 중에
당신만이 내 눈에 보였을 뿐.

World Culture 01

아프리카 그대로 작은 아프리카

아프리카문화원

Attractive air ★★★★★
Attractive price ★★★★★
Attractive interior ★★★★
Attractive people ★★★★
M's Score 99점(문화원 중에서 최고!)
J's Score 99점(아프리카 대탐험)

Today's Concept
M's 준비   근처에 광릉수목원, 대장금 테마파크, 조명박물관이 있으
니 같이 둘러보고 오면 더 좋아요.
J's 코디   포천에 있는 문화원 나들이니까 소풍가는 것처럼 귀엽고
발랄하게 입어요.

M&J 지출 내역
입장료(2명) : 10,000원

INFO
Tel   031-543-3600
Open   10:00~18:00(7, 8월은 19:00까지), 매주 월요일은
휴관
관람료   성인 5,000원, 학생 3,000원
Location   광릉수목원에서 의정부·포천 방향으로 5.2킬로미터 직진
하다 보면 왼쪽에 위치. 버스를 이용하려면 의정부 구터미
널에서 21번 버스를 타고 축석검문소를 지나 광릉수목원
방향으로 가 아프리카문화원 앞에서 하차

문화원 하면 아무것도 떠오르지 않죠? 저도 그래요. 문화원이 무슨 데이트 코스냐고 하는 분도 많을 거예요. 문화원이 얼마나 많겠느냐고 하는 분도 있겠고요. 저도 여러분과 같은 생각인데도 문화원을 데이트 코스로 정한 이유는 예전에 갔던 '중남미문화원' 때문이에요. 박물관을 연상케 하는 작품과 유물, 큰 조각공원에 식당까지 있어서 훌륭한 데이트 장소로 뇌리에 박혔답니다. 그래서 이번에는 하나의 카테고리로 해야겠다고 생각해서 J와 많이 돌아다녔지요.

그렇게 찾아다니던 중에 중남미문화원보다 더 마음에 드는 곳을 발견했는데, 그곳이 오늘 말씀드릴 '아프리카문화원' 이랍니다. 이곳에서는 아프리카에서 구할 수 있는 대부분의 물건을 볼 수 있다고 해도 지나친 말이 아닐 만큼 아프리카 문화를 충분히 이해할 수 있답니다.

넓은 호수와 나무, 잔디, 조각이 야외에 있어서 바람 부는 봄에 간다면 이곳만큼 좋은 곳도 없을 거예요. 일요일 오후에 갔는데도 많은 가족이 놀러와 양평에 있는 '바탕골미술관' 같았답니다. 정말 훌륭한 데이트 장소를 찾아낸 기분이었죠.

J와 사진도 찍고, 아프리카에 대해 공부도 하고, 엄청나게 큰 아프리카 물건 쇼핑센터에서 작은 선물도 샀답니다. 데이트다운 데이트를 한 것 같아 행복한 하루였어요.

맨 처음 들어갈 곳은 아프리카문화원의 중심으로 통하는 작은 터널 같은 공간입니다. 이곳은 본 건물 지하 1층에 해당하는데, 아프리카인의 얼굴을 많이 조각해놓았더라고요. 터널을 지나 계단을 올라가면 아프리카문화원의 심장으로 가게 됩니다.

아프리카문화원 중심에는 큰 빛기둥과 아프리카인 전신 조각상이 있어요. 규모가 상당해서 볼거리가 아주 많답니다. 기둥은 2층까지 연결되어서 2층에서 보면 기둥의 위쪽에 장식한 마스크를 볼 수 있습니다.

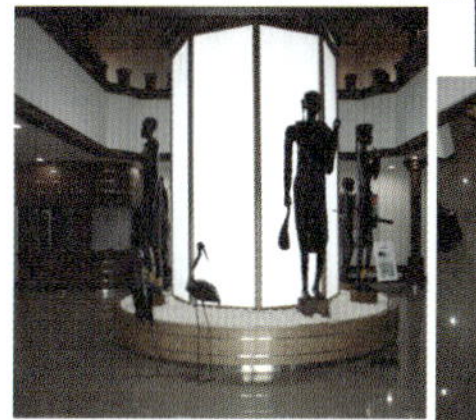

1층을 구경하고 2층으로 오르는 계단에는 실제 크기의 기린 인형이 떡하니 있답니다. 기린이 이렇게까지 키가 큰지 몰랐어요. 2층에는 가면을 많이 전시해놓았어요. 아프리카인들은 가면을 신앙과 연결시켜 많이 썼다고 하더군요. 2층에는 전시 공간이 네 곳 있는데, 특히 원통형 공간에 가면만 수백 개 걸어놓은 방은 2층의 하이라이트라고 할 수 있습니다.

2층을 빠져나가면 깜짝 놀랄 만한 광경이 펼쳐집니다. 호텔에 온 줄 알 정도예요. 중간 홀을 사이에 두고 원통형으로 쭉 둘러가면서 1, 2층 전체가 아프리카 물건을 파는 쇼핑몰이었습니다. 규모가 엄청났어요. 해외 문화 상품을 파는 곳 중 우리나라 최대 규모가 아닐까 하는 생각이 들었어요. 사진으로는 느끼기 힘들 것 같고, 직접 가보면 제 말이 무슨 뜻인지 알 거예요.

J와 돌아다니다 우스갯소리로 "아프리카에서 물건 사 올 필요 없겠다. 여기 다 있는데 뭐 하러 아프리카까지 가"라고 했답니다.

이곳에서 파는 물건 감상해볼까요? 동물 조각, 찻잔, 사자 박제, 퀼트, 손톱만 한 코끼리 조각, 원숭이 조각, 코뿔소 등 없는 거 빼곤 다 있는 국내 최대 아프리카 쇼핑몰입니다. 장식품이 필요할 때 와서 몇

개씩 사가도 좋을 것 같아요. 우리도 세 개나 샀답니다.

구경을 다 마치고 나오다보니 아프리카 문화 공연장이 있었습니다. 아쉽게도 아프리카 공연단원들이 비자문제로 떠나서 공연이 중단됐는데, 4월부터 공연을 다시 한다고 하니, 공연시간을 알아보고 가서 데이트를 즐겨보세요.

아프리카문화원은 참 많은 걸 가르쳐준 고마운 데이트 장소였어요. 오랜만에 야외로 나와서 상쾌했고, 아프리카에 대해 많은 걸 알게 되어 뜻 깊은 소풍이었답니다. 어때요? 날씨 좋은 날 여러분도 이 여행에 동참해보는 것이. *Edited by* Ⓜ

CONCERT HALL
공연장
매표소

World Culture 02

이곳에선 우리도 사랑스런 퐁네프의 연인들

프랑스문화원

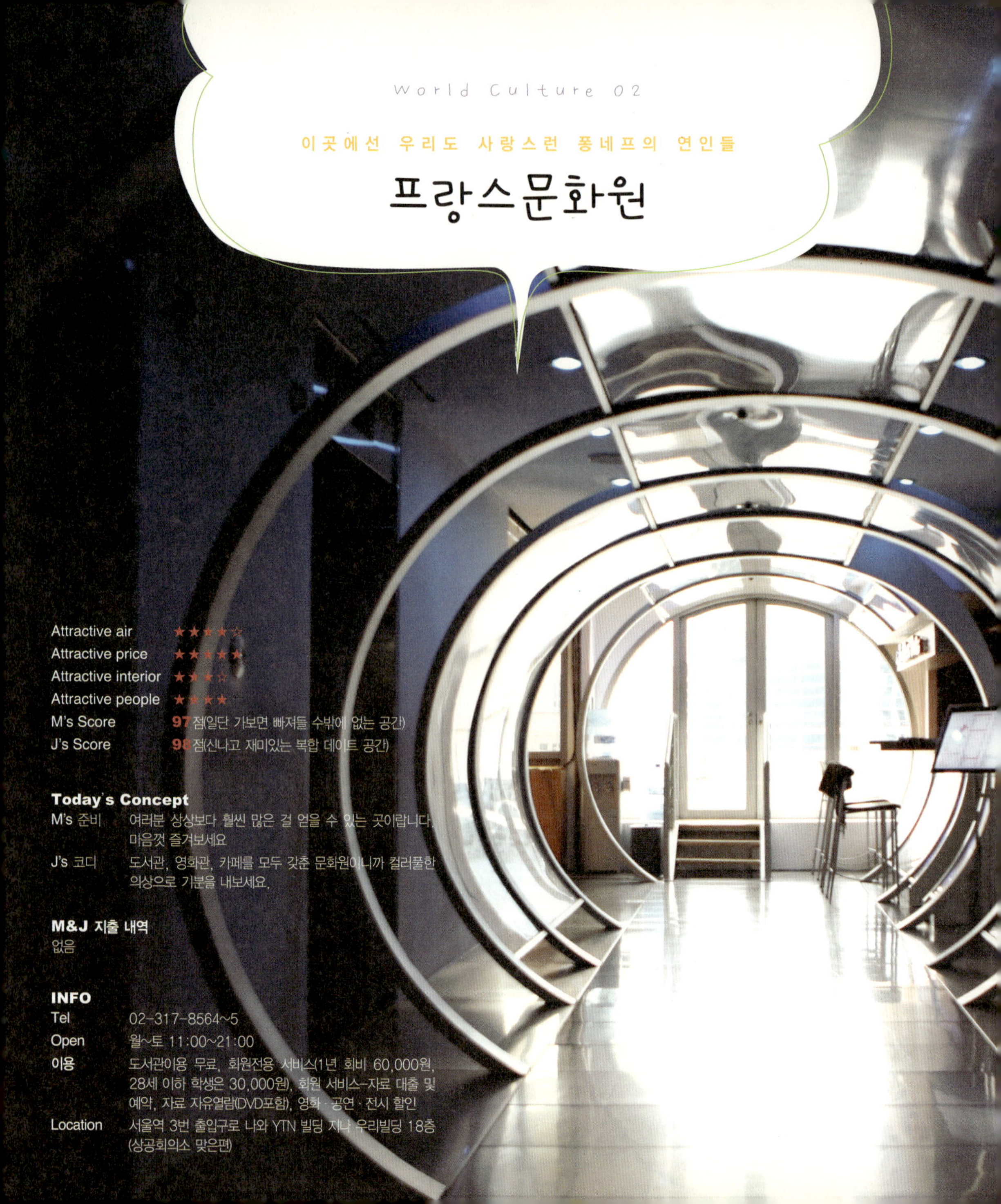

Attractive air	★★★★☆
Attractive price	★★★★★
Attractive interior	★★★☆
Attractive people	★★★★
M's Score	97점(일단 가보면 빠져들 수밖에 없는 공간)
J's Score	98점(신나고 재미있는 복합 데이트 공간)

Today's Concept

M's 준비 여러분 상상보다 훨씬 많은 걸 얻을 수 있는 곳이랍니다. 마음껏 즐겨보세요

J's 코디 도서관, 영화관, 카페를 모두 갖춘 문화원이니까 컬러풀한 의상으로 기분을 내보세요.

M&J 지출 내역

없음

INFO

Tel	02-317-8564~5
Open	월~토 11:00~21:00
이용	도서관이용 무료, 회원전용 서비스(1년 회비 60,000원, 28세 이하 학생은 30,000원), 회원 서비스-자료 대출 및 예약, 자료 자유열람(DVD포함), 영화·공연·전시 할인
Location	서울역 3번 출입구로 나와 YTN 빌딩 지나 우리빌딩 18층 (상공회의소 맞은편)

젊은 세대는 연애 스타일이 이전과 많이 달라진 것 같아요. 전에는
만나서 영화나 공연을 보고 맛있는 음식을 먹으며 산책하거나 놀러
다니는 게 데이트의 전부였는데, 요즘은 욕심도 많고 똑 부러지는 세대
답게 함께 공부하며, 자기계발을 하는 커플이 늘어났으니까요. 그래서 대
학가 학원에서는 커플을 쉽게 볼 수 있고, 각 나라 문화원에는 그런 열정 있
는 연인들이 자주 찾곤 해요.

남대문 근처에 있는 '프랑스문화원' 또한 연인들이 많이 찾는 곳인데, 높은 빌딩에 가
려 있지만 조용한 도서관과 프랑스 문화를 느낄 수 있는 곳이라 인기가 많은 편이에요.
문화원이라고 하면 외국어를 배우는 공간이라고만 생각하는
분이 많을 테지만, 다양한 서적과 영화 등 문화 전반을 즐길
수 있게 해놓아 데이트 장소로 손색이 없어요. 깔끔하고 조용한 도
서관은 무료로 이용할 수 있고, 회원으로 등록하면 책을 빌려갈 수 있어 프랑스 문화를
더 가까이 느낄 수 있어요.

거기다 카페에 가서 차를 마시며 수다를 떨기도 하고, 허기를 채울 요리도 있어 문화원
데이트는 알찬 시간을 보내기에 안성맞춤이랍니다. 매일 함께 가는 학교 도서관에서
벗어나 중심가 남대문에서 이색 데이트를 즐겨보는 건 어떨까요? 함께 공부도 하고,
다른 나라 문화에 관심도 가져볼 수 있는 곳! 프랑스문화원에서 말이죠.

패션의 나라 프랑스문화원답게 엘리베이터에서 내려 만나는 통로는 둥근 선이 아름다
워 사람들의 시선을 사로잡아요. 그 모습을 보면 역시 프랑스구나 하고 느끼게 되죠.
감각적인 디자인으로 꾸며놓은 통로를 거니는 것만으로도 프랑스에 조금은 가까이 다
가선 기분이니까요.

프랑스문화원은 크게 세 공간으로 구분되어 있어요. 책을 읽거나 공부하는 도서관과 휴식할 수 있는 카페, 프랑스 영화를 감상하는 영화관이 그것이죠. 도서관은 잘 짜인 구조에 많은 책을 공간마다 잘 비치했는데, 깔끔하고 조용한 분위기라 학교 도서관 부럽지 않답니다.

시각적인 면까지 고려해 세련되게 디자인하여 새로운 도서관 트렌드를 보여주지요. 프랑스문화원에 가면 같은 공간도 감각적으로 느낄 수 있어요.

학교 대신 이곳을 찾아 공부하는 연인들도 꽤 있었는데, 편안하고 아름다운 테이블에서 공부하는 모습이 상당히 멋져 보였어요. 건물 높은 곳에 있어 햇살이 들어오는 자리

에 앉아 자유로운 시간을 만끽하는 기분일 것 같더라고요. 저도 그 틈에 끼어 분위기를 잡고 싶었지만 공부라면 이제 그만 하고 싶은지라 잡지 코너로 자리를 옮겼어요.

패션 트렌드를 한눈에 볼 수 있는 잡지 코너는 여자들에게 인기가 있는데, 프랑스와 유럽의 패션 잡지와 우리나라에서 발행된 잡지까지 있어 다양한 패션을 접할 수 있어요. 게다가 패션 잡지에 빠져 시간가는 줄 모르고 서 있을 사람들을 위해 편안한 소파를 마련해놓았고요. 그 덕분에 편안히 앉아 최신 유행 패션에 푹 빠져 저만의 시간을 즐겼답니다.

제가 패션에 빠져 있을 동안 어딘가로 사라졌던 M이 즐거운 웃음을 지으며

손에 무언가 들고 왔어요. M이 좋아하는 만화 『원피스』와 〈괴물〉 DVD였어요. 우리가 쉽게 접하는 만화나 DVD를 프랑스어로 번역해놓아 프랑스어에 더 친숙하게 다가서 게 했어요.

만화책과 DVD는 빌릴 수도 있는데, 가지런하게 정리된 수많은 DVD와 만화책 가운데 원하는 것을 찾는 행복한 고민을 하게 될 기예요. DVD나 책 대여는 회원으로 등록해야 한다는 사실 잊지 마세요.

도서관에서 지루해지면 프랑스 영화를 감상하는 영화관에서 로맨틱한 시간을 보낼 수도 있어요. 다양한 프랑스 영화를 상영하는데, 영화에 관심 있는 분들이 꾸준히 찾는다고 하네요.

여유 있는 데이트가 끝나면 차와 함께 맛있는 음식을 즐길 수 있어 문화원에서 멋진 데이트를 만족스럽게 마무리할 수 있답니다.

도심에 숨겨진 프랑스의 숨결, 그 모든 것을 편하고 가깝게 느낄 수 있게 언제나 활짝 열어놓은 프랑스문화원. 이번 주에는 연인과 함께 이곳에 가보면 어떨까요? 공부도 하고 데이트도 하고 분위기 있는 프랑스 요리도 즐기는 한국 속 프랑스로. *Edited by*

남산자락에 숨어든 고즈넉한 괴테의 향기

독일문화원

눈 내리는 3월 초였답니다. 날이 계속 추웠는데 결국 아침부터 내린 눈이 온 세상을 하얗게 만든 날, J가 남산에 놀러가자고 했어요. 추워서 싫다고 하면 안 되잖아요. 막히는 서울을 가로질러 한 시간 반이나 걸려 남산에 도착했는데, 워낙 추워서 남산 타워만 보고 바로 내려왔답니다. "오늘 데이트 완전 망했네." 멋쩍게 웃으면서 J를 위로하는데 언뜻 '독일문화원'이 보였어요.

"독일문화원이 있다는 얘기 못 들어봤는데, 한번 가볼까?" 했더니 J가 "저기 우리도 들어갈 수 있어?" 했어요. 맞아요. 곰곰 생각해보니 아무나 들어갈 수 있을까 싶었어요.

Attractive all	★★★★★
Attractive price	★★★★★
Attractive interior	★★★★
Attractive people	★★★
M's Score	98점(독일에 관한 모든 것이 있는 곳)
J's Score	98점(검소한 독일 문화 엿보기)

Today's Concept

M's 준비   남산에는 일방통행로가 많아서 좀 돌아갈 수도 있어요. 충무로 대한극장 앞에서 02번 버스를 타는 건 어떨까요?

J's 코디   열심히 일하는 커리어우먼같이 세련된 모습으로 즐겨보세요.

M&J 지출 내역

없음

INFO

Tel : 02-754-9831
Open : 11:00~20:00(토요일 21:00까지)
영업시간 : 도서관 월 10~12시, 화~금요일 13:00~19:00, 토요일 10:00~16:00, 어학 월~금 09:00~17:30, 일반 방문 09:00~18:00
이용 : 무료(어학은 수강료 있음)
Location : 서울 힐튼호텔에서 남산 쪽으로 가면 남산도서관 맞은편(용산도서관에서 남산 쪽으로 300미터 직진)

가보고는 싶은데 괜히 겁나서 못 가는 경우 있잖아요. 이런 생각이 떠오르더군요. 들어가 봤더니 아무나 들어갈 수 있는 곳이고 괜찮은 곳이면 책에 소개해야겠다. J가 그랬듯이 근처를 지나가더라도 "저긴 일반인이 들어갈 수 없는 곳일 거야, 대사관처럼" 하고 그냥 지나칠 수 있잖아요.

J에게 "내가 먼저 갔다 와볼게. 안 된다면 바로 나오면 되지" 하고는 들어갔는데, 저 자신이 자랑스러웠어요. 3월에 한 일 가운데 가장 잘한 것이 아닐까 싶더군요. 서울에 있

는 문화원 가운데 가장 마음에 드는 곳이랍니다. 제가 독일을 좀 좋아하긴 해요. 작년 9월에 독일로 여행을 다녀왔는데, 독일인의 검소한 생활에 나 자신을 돌아보게 되었고, 유럽의 다른 나라들과 달리 타민족을 어려워하는 모습이 우리나라 사람들을 보는 것 같아 정이 들었답니다. 그런데 검소하고 깔끔한 독일인 생활이 독일문화원에도 어김없이 나타나 있더라고요.

독일문화원은 밖에서 볼 때 1층처럼 보여 규모가 작은 줄 알았는데, 반대편에서 보면 2층 건물에 크기도 엄청났습니다. 추운 날씨였지만 신나 하는 J를 보니 저도 기분이 좋았습니다. 독일문화원 앞에 주차된 차량을 보니 독일에 온 것 같아 작년 여행 생각이 더 났지요.

문을 살며시 열고 들어갔는데 괜한 걱정을 했다 싶더라고요. 아무도 막아서지 않았으니 말입니다. 경비원도 없었어요. 완전 개방이라는 뜻이지요. 들어가자마자 오른쪽에 있는 도서관으로 가봤습니다. 그리 넓지 않았지만 시설이나 도서 종류는 공을 들인 흔적이 역력했답니다. 독일어로 된 책, 한글로 독일에 관해 쓴 책까지 아주 다양했어요. 또 독일 음악 CD도 들을 수 있게 했고, 컴퓨터는 물론 어학기까지 갖춘 멋진 독일 문화공간이더군요.

도서관을 나와 아래층으로 내려갔어요. 계단을 내려가다 보면 괴테의 시구 조각이 걸려 있는 것을 볼 수 있어요. 한 계단 더 내려가면 큰 로비가 나옵니다. 우리는 토요일 점심때쯤 갔는데, 일어나기도 바쁜 시간에 독일어 공부를 하는 사람들이 있더라고요. 독일어 스터디 그룹인가 봐요. 얼마나 학구열에 불타 있었는지 여러분도 보셨어야 했는데…. 카메라 셔터 소리가 거슬릴 만큼 공부하는 분위기였어요. 한쪽에는 텔레비전도 있고, 독일 잡지도 있었어요. 꼭 독일어가 아니더라도 커플이 여기에서 같이 공부하면

참 잘 될 것 같더라고요. 그런데 제가 공부를 워낙 싫어해서….

한 시간쯤 책을 보면서 놀다가 한쪽 구석에 열린 문을 살짝 들여다봤더니 강의실 같은
공간이 있었어요. 한두 강의실에서 독일어를 가르치나 하고 가봤더니 우리나라 영어
학원을 방불케 할 만큼 강의실이 많았답니다. 독일어학원에 가는 것보다 이곳에서 배
우는 게 훨씬 낫겠더라고요. 끝도 없이 이어진 강의실을 보면서 '모르고 사는 게 많구
나, 이렇게 좋은 곳이 있는 줄도 모르다니' 하는 생각이 들었답니다.

뜻하지 않은 독일문화원 방문이었지만 얻은 게 아주 많았어요. 우리 집에서 멀어 자주

가지는 못하겠지만 남산 갈 때면 꼭 들르자고 약속했답니다.
남산 근처에 사는 사람들이 부러운 하루였습니다. 데이트 장소
로 전혀 손색없는, 젊은 커플에게는 적극 추천하고 싶은 독일문화
원이었어요. *Edited by* Ⓜ

국립국악원

Attractive air ★★★★☆
Attractive price ★★★★★
Attractive interior ★★★★☆
Attractive people ★★★★☆

M's Score **98**점(우리 음악으로 떠나는 상쾌한 데이트)

J's Score **97**점(국악을 사랑하는 애국자로 변신!)

Today's Concept

M's 준비 예술의 전당은 공연도 하고 볼거리가 많아요. 요, 설마 국립국악원만 보고 가려는 건 아니겠지요?

J's 코디 처음 가는 박물관 나들이 설레는 마음을 반영해 상큼하면서도 어린아이 같지 않은 옷이 좋겠어요.

M&J 지출 내역
없음

INFO
Tel 02-580-3130
영업시간 09:00~18:00(매주 월요일, 신정 휴관)
관람료 무료
Location 남부터미널 5번 출입구로 나와 예술의 전당 쪽으로 직진하다 예술의 전당에서 사당역 쪽으로 오른쪽. 사당역 1번 출입구에서 마을버스 서초 1번 이용해 박물관 앞에서 하차

특별한 날 텔레비전에서 하는 국악 프로그램을 본 적이 있죠? 우리 전통 연주라고는 하지만 팝송이나 대중가요처럼 관심 있는 사람은 많지 않을 거예요. 어떤 악기로 구성되었는지, 그 소리는 어떤지…. 저도 텔레비전에서 국악이 나오면 그 음색은 칭찬하면서도 흥미를 느끼지 못해 채널을 돌리곤 했어요. 그런 저에게 M은 국립국악박물관에 가자고 하더라고요. 지루할 것 같아 대답을 시원찮게 했지만 계속 조르는 통에 어쩔 수 없이 박물관으로 향했어요.

예술의 전당 옆 '국립국악원'에 있는 국립국악박물관. 텔레비전에서만 보던 악기들에 대한 자세한 설명이 있고, 그 소리를 들어보는 공간이 있었어요. 처음 보는 악기들이 신기하면서도 지금껏 관심을 두지 않고 지낸 것이 부끄럽더라고요. 갤러리나 미술관처럼 고급스럽게 꾸미지는 않았지만 국악에 대한 관심을 불러일으키는 곳이라 가볼 만해요. 다양한 국악 관련 자료와 가무 등 교과서에서 배운 내용이 잘 정리되어 있어 국악 이해에 큰 도움이 될 거예요. 박물관 옆 국악원에서는 공연도 하니까 이색적인 데이트를 즐기기도 좋을 것 같고요. 잊고 지냈던 국악에 관심을 갖기는 쉽지 않겠지만 국립국악박물관에 들러 우리 음악에 관심을 가져보는 건 어떨까요? 고리타분하게만 여기던 국악이 신선한 가르침을 선사하는 곳에서요.

예술의 전당 옆 국립국악박물관 외관은 깔끔하고 단아해요. 그 옆에 국악원과 공연장 등 국악 관련 건물들이 옹기종기 모여 있지요. 겉모습만 보아서는 국악의 아름다움이 살아 숨 쉬고 있다는 게 믿기지 않을 만큼 멋지답니다.

광장을 가로질러 국악박물관의 문을 열면 잔잔한 국악 소리가 들려요. 누군가 조심스레 감상하는 듯 소리는 크지 않지만 왠지 슬픈 가락이 맘속까지 전해지는 듯하지요.

천장까지 시원하게 뚫린 박물관 내부에는 중앙 홀을 기준으로 공간마다 다양한 국악 자료를 전시했어요.

실제 악기를 두어 사람들의 이해를 돕는데, 텔레비전에서만 보던 악기를 가까이 관찰할 수 있어 전통악기를 처음 접하는 이에겐 좋은 기회가 될 거예요.

곡선과 색이 아름답게 조화를 이룬 북은 어떻게 배치하느냐와 크기에 따라 색다른 모습을 보여주는데, 그 화려함이 참 멋있었어요.

초등학교 음악 교과서에서 본 악기들도 있는데, 특색 있는 악기들은 소리도 들을 수 있게 해놓아서 더욱 흥미로웠어요. 소리를 내는 부분의 길이나 크기에 따라 어떤 음을 내는지, 그 소리가 다른 악기들과 어떻게 조화되는지도 들을 수 있었어요. 소중히 보존해야 하는 악기라 만지지는 못하지만 기계로 듣는 청명한 소리는 멋졌답니다.

우리에게 익숙한 거문고와 가야금도 있는데, 명인들이 쓰던 물건과 예로부터 전해오는 중요 문화재까지 볼거리가 다양해서 바쁘게 돌아다녀야 모두 즐길 수 있답니다.

명인들의 음악을 듣는 코너에서는 헤드폰을 끼고 국악 선율에 빠지거나 우리 가
락에 취해보며 흥겹게 보낼 수 있어요.

나라에 큰 행사가 있을 때마다 곳곳에 울려 퍼지던 국악이지만 지금은 관심 있
는 이들에게만 사랑을 받는다고 생각하니 부끄러운 마음이 들었어요. 점점 잊히는
현실이 슬프기도 했고요.

조상들이 창작하고 지켜온 음악에 더 많은 관심이 필요함을 절실히 느꼈어요. 화려한
갤러리처럼 꾸미지 않아 아쉬웠지만 연인과 함께 국악을 공부하는 것도 이색 체험이
될 것 같아요. *Edited by* 🌑

삼청동에서 만난 작은 티베트

티베트박물관

Attractive air	★★★☆
Attractive price	★★★
Attractive interior	★★★★
Attractive people	★★★★
M's Score	**95**점(티베트 불교문화에 빠져들다)
J's Score	**97**점(티베트, 그들의 삶에 한걸음 다가갈 수 있는 곳)

Today's Concept

M's 준비   박물관이라 하기엔 부족하지만 티베트의 문화를 알기엔 모자라지 않아요. 삼청동 북카페 '마녀, 늑대'에 갔다가 박물관에 가는 것도 좋은 데이트 코스지요.

J's 코디   소박하게 사는 티베트인처럼 수수한 옷차림으로 가보세요.

M&J 지출 내역

입장료(2명) : 10,000원

INFO

Tel	02-735-8149
Open	10:00~19:00
입장료	성인 5,000원, 학생 3,000원
Location	3호선 안국역 1번 출입구로 나온 뒤 정독 도서관을 지나 새마을금고 건물을 끼고 좌회전

2008년 베이징올림픽을 앞두고 화제가 된 곳은 티베트예요. 중국과 티베트 관련 기사와 뉴스가 날마다 나왔어요. 왜 작은 티베트가 중국과 대치할까 궁금해서 자세히 찾아보게 되었어요. 그러다 불교국가이자 유목생활을 하는 티베트 문화에까지 관심을 갖게 되었고요. 생소하기만 한 티베트. 영화나 사진으로만 접했던 나라. 그들이 사는 모습을 자세히 알고 싶어 삼청동 '티베트박물관'에 갔어요.

삼청동 조용한 골목에 있는 티베트박물관은 화려한 외관과는 달리 내부는 소박해요. 티베트를 알고 싶어 하는 사람들로 박물관은 붐볐어요. 고원지대에서 유목생활을 하며, 불교를 가까이하는 그들의 삶은 화려함이라고는 찾아볼 수 없고 소박함이 전부였어요. 특히 달라이라마를 정점으로 한 불교문화는 티베트인의 삶에서 중요한 부분을 차지하는 것 같았어요. 티베트박물관 전시물의 30퍼센트쯤이 불상일 정도예요.

티베트인의 생활에 깊숙히 자리 잡은 승려들이 팔을 걷어 부치고 티베트 독립을 외치니 티베트인은 더욱더 큰 힘을 받았으리라 짐작하지만 어서 빨리 평화롭게 해결되기를 빕니다. 그럼 티베트박물관에 들어가 볼까요?

들어서자마자 먼저 눈에 띈 것은 북처럼 생긴 것입니다. 이름을 잊어버렸네요. 우리가 절에 가서 부처님께 소원을 빌 때 향을 피우면서 소원을 말하거나, 탑 주위를 돌면서 소원을 비는 것처럼 티베트인은 이 물건을 손으로 돌리면서 소원을 빈다고 합니다. J도 살짝 돌리면서 소원을 비는 것 같던데 뭘 빌었을까요?

티베트박물관의 내부가 하얀 것을 보면 처음부터 박물관으로 지은 건물은

아닌 듯합니다. 박물관은 방을 여러 개로 나누기보다 큰 홀에서 전시하는 게 보통인데, 이곳은 작은 방 두 개로 나뉘어 있더라고요. 작은 공간인데도 많은 것을 보여주려 노력한 흔적이 보여 관람 태도도 좀더 진지해졌다고나 할까요.

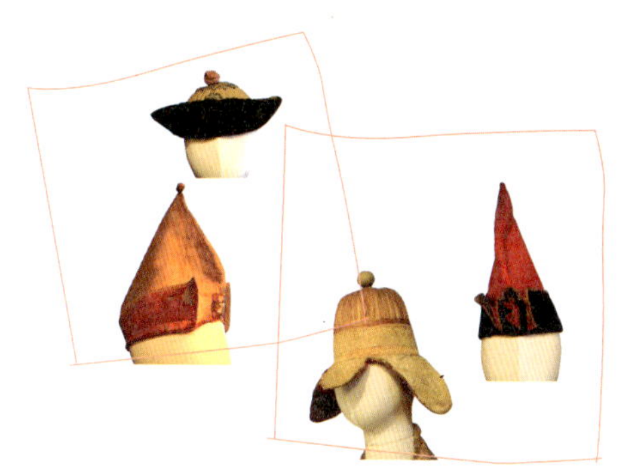

2층에는 티베트인의 의식주 관련 물건이 전시되어 있어요. 옷이 주류인데, 중국 의상과 다른 듯하면서도 비슷해 보였답니다. 중국이 청나라 때 티베트를 완전히 장악한 영향이 의상에서도 나오나 봅니다. 자세히 보면 청나라 의상 같기도 해요.

그러나 모자만큼은 티베트 특유의 문화가 그대로 살아 있는 것 같아요. 텔레비전에서 보았던 티베트고원의 유목민을 떠올리면 하나같이 모자를 썼잖아요. 잘 생각해보세요. 어쩌면 그들에게 모자는 절대 빼앗길 수 없는 자존심 같은 것 아닐까요? 잠시 모자만 구경했습니다.

티베트 하면 불교를 빼고는 얘기가 안 돼요. 티베트 불교는 대승불교를 계승했는데, 인도 불교가 멸망한 뒤에도 독자적으로 발전하여 오늘에 이르렀다고 해요. 어마어마한 양의 『티베트 대장경』과 티베트 유산으로서 티베트 불교는 불교의 보고이죠. 티베트 불교 유적과 미술품, 음악은 인류 최대 문화유산으로 꼽힌다고 하네요. 특히 티베트 불교의 정점에 있는 달라이라마는 계속 환생한다고 생각해서 선대 달라이라마가 썼던 염주나 불경을 주어 고르는 방식으로 뽑는다고 합니다. 추대된 달라이라마는 모든 티베트인에게 추앙받는 존재가 될 수밖에 없답니다.

이렇게 해서 티베트박물관을 다 보여드렸어요. 이곳은 억지로 찾아갈 필요는 없습니다. 삼청동에서 식사하고 데이트하다가 잠깐 둘러보는 박물관이지요. 하지만 작은 노력에 비하면 얻는 게 아주 많답니다. 카페에서 차나 와인을 마시는 것도 좋지만 이렇게 다른 나라 문화를 알아가는 데이트도 나쁘지 않거든요. *Edited by* Ⓜ

Theme 04_Gallery
알콩달콩 사랑을 완성하는 고품격 공간

이 세상에서 가장 아름다운 길은
당신을 만나러 가는 길입니다.
당신이 내게 오는 그 길들 위에 뿌려진
당신의 소소한 상냥함이
나를 세상에서 가장 행복한 여자로
만든다는 사실을 당신은 안가요?

쇼핑 스폿이 넘쳐나는 보물창고

오페라 갤러리

Attractive air	★★★★★
Attractive price	★★★★★
Attractive interior	★★★★★
Attractive people	★★★★★
M's Score	**99**점(갤러리 추천 1순위)
J's Score	**99**점(프랑스의 자유분방함이 살아 있는 미술관)

Today's Concept

M's 준비 — 근처를 지난다면 아무 말 없이 애인을 데리고 가는 깜짝 쇼가 필요해요. 여러분을 다시 보게 될걸요.

J's 코디 — 청담동 분위기에 맞춰 정장 느낌이 나는 옷을 입으세요.

M&J 지출 내역

없음

INFO

Tel	02-3446-0070
Open	10:00~19:00(공휴일 휴관)
관람료	무료
Location	청담역 9번 출입구로 나와 600미터 직진하면 나오는 청담사거리에서 압구정 방향으로 횡단보도 건너 30미터 오른쪽(1층 신한은행, 지하 1층 커피빈)

청담동 명품숍 거리를 다니다보면 반짝이는 외관에 한번쯤 되돌아보는 갤러리가 있어요. 깔끔한 모습에 반해 가까이 다가가면 'Opera Gallary' 라는 이름이 눈에 들어오죠. 외제 승용차 몇 대가 버티고 있어 들어가도 될까 하고 고민하게 되지만 당당하게 문을 열어보세요. 클래식 음악과 다양한 작품이 가득한 '오페라 갤러리'는 무료로 감상하는 곳이에요.

모던한 청담동 갤러리가 공짜라서 믿지 못하겠지만 횡재한 기분으로 즐기면 돼요. 한국뿐 아니라 전 세계에 지점이 아홉 개나 있는 프랑스 갤러리이기 때문에 유럽의 거장 작품부터 아시아의 현대미술까지 다양하고 풍부한 컬렉션을 갖추었어요. 그 덕분에 해외에서 전시된 작품도 볼 수 있고, 전시기간에 유명 예술가의 내한 이벤트도 있으니 미리 알아보고 가면 더욱 즐거운 시간이 될 거예요.

미술작품을 판매하기도 하는데, 상담실이 있으니 사고 싶은 작품이 있다면 이곳을 찾아보는 것도 좋겠지요. 청담동을 산책하다 여유 있는 시간에는 주저하지 말고 오페라 갤러리의 문을 열어보세요. 유명 작품을 무료로 볼 수 있는 청담동의 숨은 보물이니까요.

청담동 갤러리 문화를 선도하는 네이처 포엠 빌딩 1층에 있는 오페라 갤러리. 요즘 예술, 문화에 대한 관심이 높아지면서 다양한 갤러리가 선보이는 네이처 포엠에는 오페라 갤러리를 포함해 미술공간이 많아요. 그중 외관이 돋보여 한눈에 반하게 되는 오페라 갤러리는 단연 최고랍니다.

깔끔한 내부는 멋스러운 조명과 함께 이국적이면서도 자유분방함을 뽐내요. 새하얀 벽에 여백 있게 걸린 작품들이 즐비한 갤러리와 달리 여러 작가의 작품이 한데 섞여 있

으면서도 작품 하나하나가 돋보이는 것 같은 신선함이 있기도
하지요.

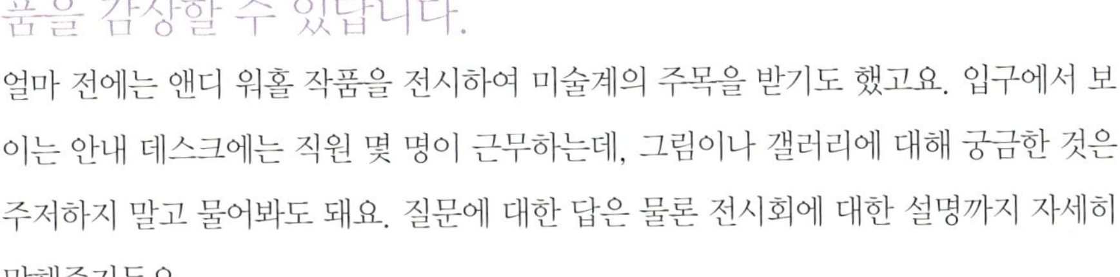

전 세계적으로 운영되는 프랑스 갤러리답게
감각적인 방법으로 작품을 선보이는 갤러리에
서는 거대한 조각품과 이색적이고 추상적인 그
림은 물론 예술성이 뛰어난 작품까지 다양한 작
품을 감상할 수 있답니다.

얼마 전에는 앤디 워홀 작품을 전시하여 미술계의 주목을 받기도 했고요. 입구에서 보
이는 안내 데스크에는 직원 몇 명이 근무하는데, 그림이나 갤러리에 대해 궁금한 것은
주저하지 말고 물어봐도 돼요. 질문에 대한 답은 물론 전시회에 대한 설명까지 자세히
말해주거든요.

그림 구매에 관심이 있는 분이나 특별 손님을 배려하는 조용한 공간도 있어요. 밀폐된
작은 곳이지만 벽면 가득 멋진 그림과 작품이 있어서 잠시 쉬는 동안에도 오페라 갤러
리의 고급스러움을 충분히 누릴 수 있어요.

갤러리 공간은 명품 숍처럼 반짝이고 럭셔리한데, 상식을 넘어선 대형 구조물과 철제
작품, 거기에 낚시를 즐기는 모습을 표현한 멋스러운 조각품을 전시해 편안하고 즐겁
게 구경할 수 있는 문화 공간이죠. 이곳을 지나는 사람이면 누구나 즐길 수 있게 하려
고 노력을 많이 한 것 같았어요.

아기자기한 물건을 좋아하는 사람이라면 탐낼 만큼 사랑스러운 조각품, 귀엽고 익살
스러운 조각품, 현란한 원색 조각품도 있더라고요. 집안 꾸미기를 좋아하고 인테리어
에 관심이 있어 사고 싶었지만 M이 말려서 다음 기회로 미뤘어요.

누구든지 부담 없이 작품을 감상할 수 있는 오페라 갤러리. 청담동에 걸맞게 멋지지만

예술을 좋아하는 사람은 마다 않고 반겨주는 배려하는 마음이 돋보이는 곳이에요. 청담동의 새로운 문화를 느껴보려면 오페라 갤러리로 향해 보세요. 마음까지 행복해지는 선물을 받을 거예요. *Edited by* 〔T〕

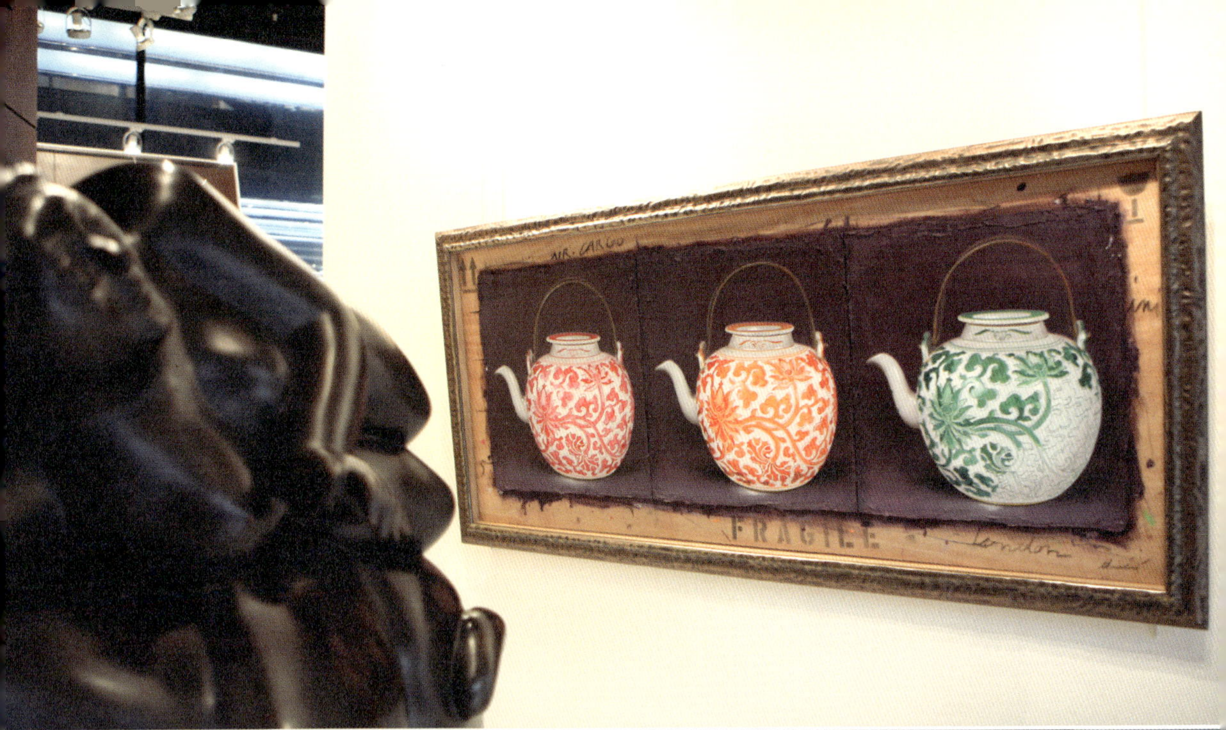
AIR CARGO
FRAGILE
London

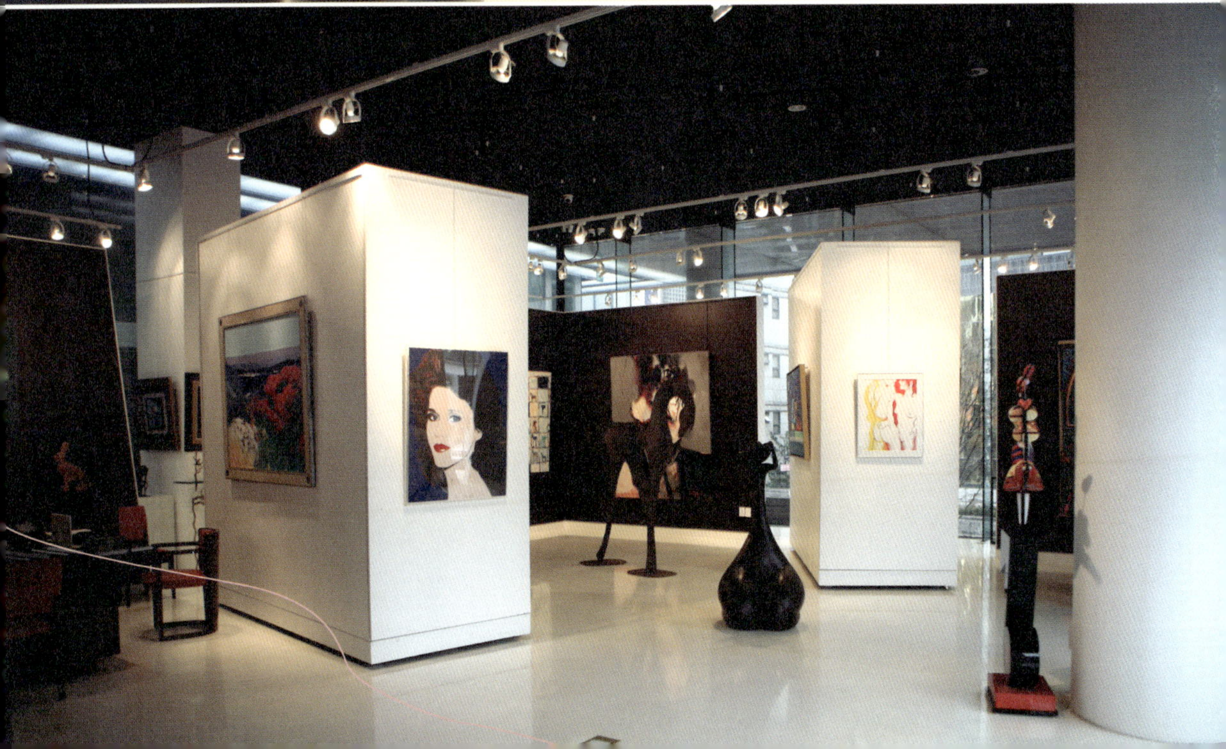

Gallery 02
빛과 조명의 화려한 스캔들
조명박물관
Attractive air ★★★★★
Attractive price ★★★★★
Attractive interior ★★★★
Attractive people ★★★★
M's Score 99점(빛과 생활의 변화를 생각하는 시간)
J's Score 99점(환상적인 빛에 빠지다)
Today's Concept
M's 준비   조명박물관 옆에 있는 아프리카박물관도 같이 보는 게 좋겠어요.
J's 코디   조명이 있어 더욱 아름다운 곳이니 여성스럽고 아름답게 차려입으세요.
M&J 지출 내역
입장료(2명) : 6,000원
INFO
Tel   031-820-8001~3
Open   10:00~17:00(휴관-명절과 법정 공휴일)
관람료   성인 3,000원(특별전을 제외한 기간에는 무료입장 가능)
Location   1호선 양주역 2번 출입구로 나와 건너편에서 32, 32-1번 버스를 타고 섬말 대합실에서 내려 우정식당 왼쪽 길로 들어가 걸어서 3분(승용차로 갈 때는 경기도 양주시 광적면 가납 사거리 부근)

'조명박물관'에 꼭 가야겠다고 마음먹은 건 필룩스에서 만들었다는 사실을 알았을 때 부터예요. 필룩스에서 조명등을 사봤는데 신뢰가 갔거든요. 국산 브랜드라는 것도 마음에 들었고요. 인터넷에서 본 조명박물관 사진이 예뻤기 때문에 기회만 엿보았지요. 그런데 의정부를 지나 동두천 근처에 있거든요. 강북에 산다면 그리 멀지 않으니 꼭 가 보세요. 연인끼리 가도 좋고, 아이들과 함께해도 좋은 곳이랍니다.

 이제 막 사랑을 시작하는 커플은 조카나 사촌 여동생을 데리고 가보세요. 애인에게 점수도 따고, 조카도 좋아하고 일석이조랍니다. 전 많이 써먹었거든요. 큰맘 먹고 조명박물관에 갔는데, 예상보다 구석에 있어 들어가는 길에 은근히 걱정됐답니다. 이렇게 먼 길을 왔는데 J가 실망하면 어쩌나 하고요. 그런 마음도 박물관 안에 들어가서는 싹 바뀌었지요. 예쁘고 화려한 조명이 어찌나 많던지 깜짝 놀랐어요. 조명이 전시할 게 뭐 그리 많겠냐고 생각하면 큰 오산이에요. 과거의 조명뿐만 아니라, 현재와 미래의 조명 장치를 전시해놓았기 때문이에요. 우리는 미래 조명의 효과와 영향을 똑똑히 보고 감탄했답니다. 버튼 하나로 분위기가 바뀌는 공간, 환자 치료목적으로 병원에서 쓰일 조명, 학생들을 위해 교실에 설치된 조명장치들은 10년 안에 현실이 되리라는 생각이 들었어요.

조명박물관만 보겠다고 멀리 간 것이 좀 아쉬웠는데, 의정부나 파주에만 있어도 가벼운 마음으로 자주 가볼 수 있을 텐데 했지요. 이건 우리처럼 강남이나 경기 남부에 사

는 사람들 고민일 테고 강북에 사는 사람에게는 아주 좋은 곳이니 꼭 다녀오길 바랍니다. 근처에 〈대장금〉 테마파크도 있고, 앞에서 소개한 '아프리카박물관'도 있으니 같이 둘러보면 훨씬 좋겠죠?

걱정 반 기대 반으로 박물관을 들어서면 아침 햇살을 받은 결혼식장을 연상케 하는 넓은 홀이 나와요. 입장권을 사서 들어가면 어느 방향으로 구경하는 게 좋고 어떤 것들이 있는지 친절하게 설명해줘요. 먼저 1층부터 구경하기로 했어요. 그냥 밝고 화사한 전시장이라고만 생각했는데, 자세히 보니 천장에 특수 유리를 설치해 의도적으로 만든 분위기였어요. 이렇게 조명박물관은 그저 조명기구를 전시한 것이 아니라 조명 기술을 눈으로 보고, 손으로 만지고, 피부로 느낄 수 있는 박물관이랍니다.

1층에서 열리는 조명 관련 작품 전시회는 조명박물관에서 직접 하는 것이 아니라 작가의 작품을 설치해서 전시한 거예요. 실생활에 쓰이는 조명은 아니고 조명기구, 특히 전구를 이용해서 만든 예쁘고 아기자기한 작품이 많은 게 특징이랍니다. J는 여기가 마음에 든다며 사진을 찍든 말든 비켜줄 생각이 없더군요. 제가 전체 사진을 찍을 땐 옆으로 비켜주는 착한 J였는데 말이지요.

본격적으로 지하 1층 박물관으로 가보았습니다. 이곳에는 삼국시대부터 조선시대까지 조명에 관련된 모든 것이 전시되어 있어요. 이곳 시설은 최신식이고 규모 또한 기대 이상이라서 박물관 구실을 충실히 한다고 느껴졌어요. 확실히 촛대가 많더군요. 전기 없는 세상은 무척 갑갑했을 것 같아요. 우리 어머니 세대만 해도 백열전구에 양말을 씌우고 밤늦게 바느질을 하셨다잖아요.

일요일 오후였는데도 잘 알려지지 않아서 그런지 사람은 많지 않았어요. J와 편하게 구경 잘했습니다.

래한 상상
200
인류의 미래를 밝힌 위대한 발명가
에디슨
Thomas A. Edison.
조명의 과거, 현재, 미래가
근대조명관

1900년대 조명을 전시한 곳도 있습니다. 이 시대를 얘기하려면 에디슨을 빼놓을 수 없는데 에디슨을 위한 특별 공간도 있더라고요. 에디슨은 발명품이 정말 많았어요. 에디슨이 태어나지 않았다면 지구의 문명 발달은 100년은 늦어지지 않았을까 하는 생각이 들 정도였어요. 조명박물관을 구경하면서 흐뭇했는데 바닥에 '지금 당신이 보고 있는 곳은 근대 조명관'이라는 문구가 있었기 때문이에요. 세심하게 신경써주니 기분이 묘하게 좋아지더라고요.

고대와 근대 조명관을 거치면 현재 조명관이 나옵니다. 조명에 관한 얘기를 많이 해주는데, 특히 방안 조명을 어떻게 하느냐에 따라 독특한 분위기가 연출되는 장면을 보여주는 곳에서는 감탄했답니다. 아이가 태어나면 꼭 저렇게 해줘야지 하는 생각이 들었어요.

조명박물관을 소개하는 진짜 이유를 말씀드리겠습니다. 앞에서도 잠깐 얘기했듯이 이곳은 그저 박물관으로 만족하지 않습니다. '조명체험관'이라고 해야 더 어울릴 정도랍니다. 특히 미래 조명관은 조명시설이 우리 생활에 어떤 식으로 영향을 주고 도움을 줄지 몸으로 느끼고 눈으로 볼 수 있는데, 시설이 정말 기막힙니다.

식탁 조명을 예로 들어 설명하면, 지금처럼 단순히 온·오프만 할 수 있는 스위치가 아닙니다. 아침·점심·저녁 시간에 따라 스위치를 누르는 대로 조명이 바뀌고, 양식·한

식·중식에 따라 조명이 달라지며, 우울한지, 기쁜지, 슬픈지에 따라 조명이 완전히 달라지는 식입니다. 이런 조명을 주방, 백화점, 쇼핑센터, 서점, 미술관, 교실, 병실 등 엄청난 분야에 적용하여 보여줍니다. 이곳을 보고 나오면 앞으로 10년간 우리 생활에서 조명이 어떻게 바뀔지 가슴에 와 닿을 거예요. 정말 꼭 한 번은 보길 '강추' 합니다.

마지막으로 조명박물관의 휴게실을 소개합니다. 카페라고 하기엔 개방적이라서 휴게실 같아요. 하지만 시설이나 디자인만큼은 웬만한 카페 저리가라입니다. 이곳에서 데이트해도 될 정도예요. 박물관을 도는데 약 한 시간에서 한 시간 반쯤 걸리니까 잠깐 앉아서 쉬는 것도 좋겠지요.

이렇게 조명박물관을 돌아봤어요. 다른 곳보다 글도 길고 사진도 많아서 지루하지 않았나요? 글이 길고 사진이 많다는 건 그만큼 인상에 남았고, 여러분에게 많이 알려드리고 싶다는 의미지요.

반가운 사실은 조명박물관은 아직도 공사 중이라는 거예요. 모든 것이 완벽하게 갖추어지면 동두천 일대에서 가장 인기 있는 관광명소가 될지도 몰라요. 저는 그렇게 생각합니다. *Edited by* Ⓜ

헤이리는 볼 게 많아 갈 때마다 아쉬움이 남아요. 꼭 어디에 가야지 마음먹지 않아도 멋진 곳이 많아서 구경하는 것만으로도 즐거운 곳이죠. 갈 곳도, 볼 것도 많은 헤이리에서는 늘 신나고 재미있어요. 오늘은 어디로 갈까? M과 헤이리 지도를 보다가 '규원'이라는 갤러리에 가기로 했어요. 관심 있던 곳이라 갤러리 분위기는 알고 있었지만, 평일에는 문을 열지 않기 때문에 더욱 가보고 싶더라고요.

작은 언덕 아래 있는 규원이 멋진 외관을 뽐내고 있었어요. 내부가 훤히 들여다보이는

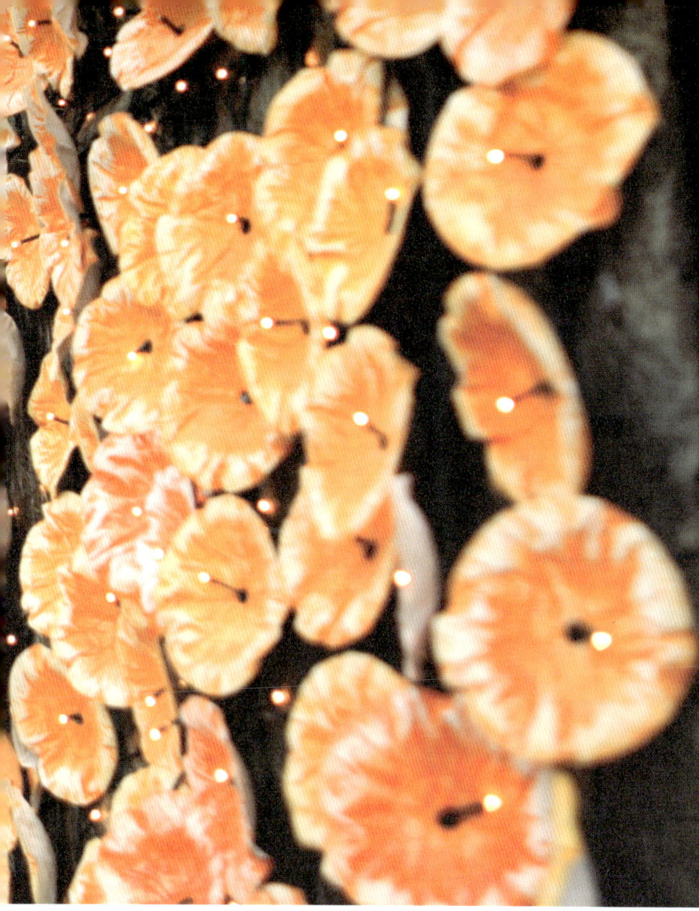

Attractive air ★★★★★
Attractive price ★★★★★
Attractive interior ★★★★★
Attractive people ★★★★☆
M's Score 99점(철학과 사색이 있는 헤이리의 데이트 명소)
J's Score 98점(자연 속 운치 있는 갤러리)

Today's Concept

M's 준비 '아티누스'에서 식사한 다음 이곳에서 차를 마시면 좋아요. '아티누스'는 『오래된 연인들을 위한 가슴 떨리는 여행지 38』에서 소개한 곳이랍니다.

J's 코디 가파른 계단을 걸어 올라가야 하니까 짧은 치마는 피하세요. 분위기 있는 갤러리 탐방인 만큼 로맨틱한 의상이 잘 어울릴 거예요.

M&J 지출 내역

카모마일 : 5,000원
핫초코 : 6,000원

INFO

Tel 031-942-2388
Open 11:00~20:00(화~금 휴무)
Menu 커피 4,000~7,000원, 각종 빙수 7,000원, 생과일주스 8,000원, 우리 차(레몬차 · 유자차 · 쌍화차 · 생강차) 7,000원, 차 5,000원, 핫초코 · 녹차라테 6,000원, 탄산음료 4,000원
Location 파주 헤이리 9번 출입구로 들어가 직진하면 왼쪽

키 큰 창으로 깔끔하고 단아한 세라믹 아트 작품이 한눈에 들어왔어요. 1층은 카페, 2층은 갤러리라서 차를 마시면서 작품을 감상할 수 있는데, 이곳에 전시한 작품을 만든 분이 차를 만들어주어 특별한 대접을 받는 기분이랍니다.

한적한 언덕에 있어서 창으로 보이는 계절과 자연은 평온하고 감성적인 규원과 많이

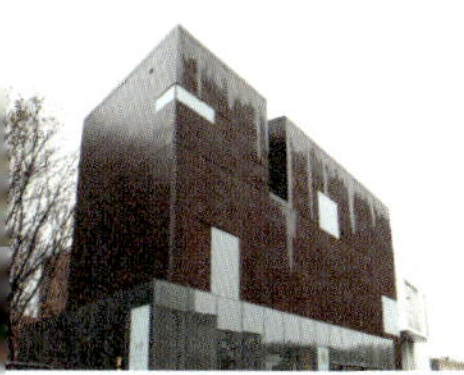

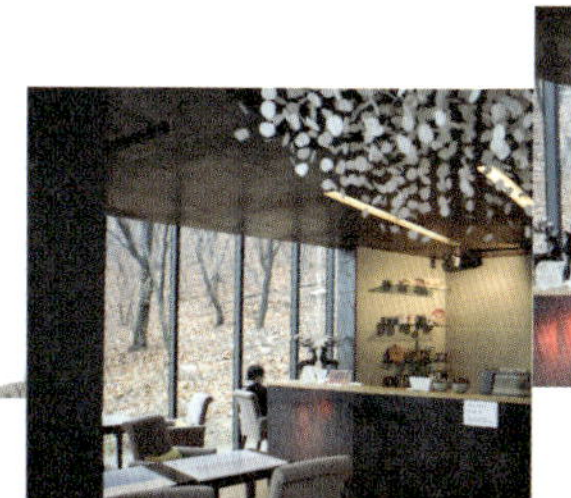

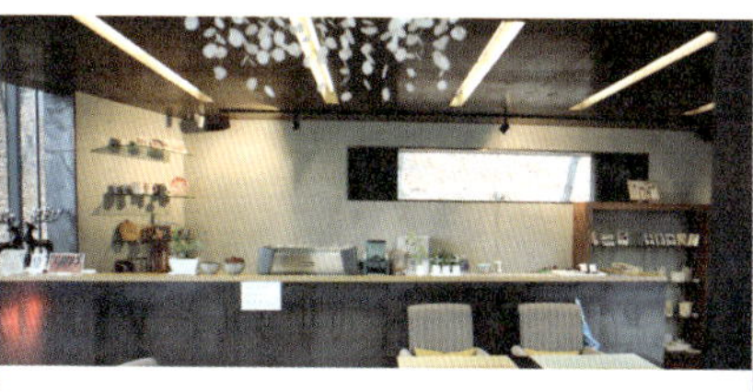

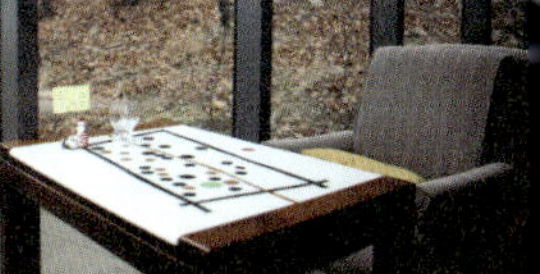

닮아 있어요. 1층 카페에는 세라믹 작품이 아기자기 놓여 있어 천천히 둘러보며 구매할 수도 있어서 아트숍 분위기가 나요. 무언가 부족하다 싶으면 2층으로 가보세요. 벽, 탁자, 바닥 구분 없이 작품이 있어서 1층과 다른 분위기에서 감상할 수 있어요. 작품수가 적어서 아쉽지만 조용한 분위기에서 즐기는 매력이 있어 더욱 기억에 남았답니다. 주말이 아니면 좀처럼 모습을 드러내지 않는 갤러리 규원. 그렇기 때문에 꼭 한번은 가야 하는 곳이에요!

헤이리에서 만난 규원은 한적한 곳에 있어 쓸쓸해 보이지만 따뜻함이 배어 있어요. 문을 열고 들어가면 1층 카페와 만나는데, 외관만큼이나 꾸밈없는 모습이에요. 회색 시멘트 벽의 차가운 기운이 조명과 아기자기한 소품들 덕분에 금세 따뜻한 분위기로 변신해요. 카페는 전면이 유리라서 규원 옆의 운치 있는 작은 언덕을 감상할 수도 있는데, 자연 속에서 즐기는 시간은 여유로워서 꿈을 꾸는 것 같았답니다.

손에 잡힐 듯 가까운 풍경에 한동안 말없이 창밖만 바라봐도 아깝지 않은 곳이고요. 새 싹이 돋고, 나무에 푸른 잎이 가득 달리면 규원은 더욱 아름다워지겠지요?

카페 한 부분은 천장까지 유리로 되어 있어 비오는 날엔 청명한 빗소리를 즐길 수 있고, 눈이 내리는 날엔 소복소복 쌓이는 눈을 감상할 수도 있어 인기 만점이에요.

카페 내부에는 인테리어 소품으로 쓰일 만한 아기자기한 세라믹 작품이 전시되어 있어요. 규원에 있는 작품을 만든 주인장이 직접 만들어주는 차를 마시거나 다양한 물건을 맘껏 감상하는 건 규원이 주는 선물입니다.

카페 벽에도 화려함을 자랑하는 작품을 전시해서 갤러리가 아니라도 많은 작품을 볼 수 있어요. 그래도 아쉽다면 2층으로 가면 되고요.

갤러리는 카페 끝에 있는 계단을 따라 오르면 볼 수 있는데, 계단 옆에 잡
을 게 없어 저처럼 겁이 많은 사람은 용기가 필요해요. M의 손을 꼭
잡고 천천히 올라갔는데, 2층에 펼쳐진 멋진 공간을 보니 무서움도
잊게 되더라고요.

2층 갤러리는 세라믹 제품으로 집을 꾸민 것 같은
콘셉트였어요. 천장에서 길게 내려오는 조명, 벽을 장식하는
작품, 소파 옆 탁자까지 마치 집을 구경하는 느낌이랄까? 그
래서 더 편한 느낌이에요.

푹신한 소파에 앉아 고개를 돌리며 여유롭게 보내는 일은 규원이기에 가능할 거예요.
그런 여유를 통해 작품을 더 멋지게 감상할 수 있고, 방해받지 않아서 더욱 좋았어요.
기대만큼 작품이 많지 않아 아쉬웠지만 쉽게 접할 수 없는 아기자기한 세라믹 작품이
라 즐겁게 감상했답니다.
비오는 날, 빗소리를 듣는 운치 있는 갤러리 규원. 헤이리에 조용히 자리 잡고 있어 눈
에 띄지는 않지만 주말에 가면 여유롭게 멋진 추억을 만들 거예요. *Edited by*

Gallery 04
젊음과 파격이 흘러넘치는 아트 갤러리
헛 갤러리
헛!
Attractive air ★★★★★
Attractive price ★★★★☆
Attractive interior ★★★★★
Attractive people ★★★★☆
M's Score 97점(홍대가 찾은 젊은 갤러리의 해답)
J's Score 96점(자유, 그 속에서 미술을 말하다)

Today's Concept
M's 준비 홍대 앞에 놀러 가면 생각날 때마다 들러보세요.
언제 가도 재미있고 편안한 공간이랍니다.
J's 코디 홍대 앞에 있는 독특한 갤러리 '헛'은 실험적인 문
화 공간이에요. 캐주얼이 잘 어울리겠죠.

M&J 지출 내역
없음

INFO
Tel 02-6401-3613
Open 10:00~22:00
관람료 무료
Location 홍대 입구 5번 출입구로 나와 직진하여 VIPS 건물
을 끼고 좌회전하여 직진하면 주차장 길 참이맛 뼈
다귀 해장국집 옆 골목

홍대 주변에는 예쁜 카페, 레스토랑, 클럽이 셀 수 없을 만큼 많지만 갤러리는 비교적 적어요. 대학 근처에 갤러리가 많아야 하는 법이 있느냐고 하면 이렇게 대답합니다. "미술 빼고 홍대를 얘기할 수 없잖아요." 그렇죠? 홍대는 아직까지 미대가 유명하니까요. 홍대 거리를 걷다보면 벽에 그려놓은 수많은 그림이 보이고, 캠퍼스를 거닐어도 수많은 졸업 작품을 만날 수 있어요. 이런 홍대 주변에서 정통 갤러리를 보지 못해 아쉬웠어요.

그런데 요즘 정통 갤러리라고 할 수는 없지만 실험적이고 개성 강한 젊은 작가들이 뭉쳐서 만든 갤러리가 하나 둘씩 생기고 있답니다. 그중에서도 단연 돋보이는 곳은 '헛 갤러리' 입니다. 유명한 홍대 카페 거리의 작은 골목으로 눈길만 돌려도 초록색 2층 양옥이 보여요. J와 함께 저기는 카페겠지 하면서 갔더니 헛 갤러리라고 크게 쓰여 있고, 그 앞에서 여학생들이 사진을 찍는 것을 보니 첫인상이 꽤 강렬해서 사람들 시선을 끄는 데는 성공한 것 같아요.

그런데 건물은 철거 작업에 들어간 듯한 2층 양옥이에요. 그만큼 허름하다는 게 아니라 말 그대로 허름했어요. 정말 뼈대만 남은 양옥에 작품이 전시되어 있었어요. 신기한 마음에 들어갔더니 지키는 분도 없고 입장료도 없었답니다.

J와 설치미술 작품을 하나하나 보면서 "진짜 신기하다. 이런 곳도 있어" 하는데, 고등학생처럼 보이는 여자가 "가족이 와서 케이크를 샀는데 같이 먹자"고 했어요. 귀엽고 마음씨도 착하다고 생각했는데 헛 갤러리에 전시된 작품의 작가였어요. 그래서 이것저것 물어보면서 얘기했지요.

정말 편안한 곳이면서 작품에 관해 생각을 많이 할 수 있고, 그 생각을 작가와 교환할 수 있는 곳. 홍대 주변이라서 짬을 내서 다녀올 수 있는 곳. J와 저는 몇 번이나 다녀왔는지 몰라요. 여러분도 꼭 놀러가서 젊은 작가들의 노력에 박수를 보내주면 좋겠어요. 헛 갤러리의 가장 큰 특징은 범상치 않은 외관입니다. 이제 막 허물어내고 재건축해야 하는 2층 양옥을 재활용한 갤러리라 할 수 있어요. 홍대 주변이 아니면 절대 나올 수 없는 특이한 갤러리라 할 수 있어요. 그것이 바로 이 책에서 소개하는 이유이기도 하고요. 설레는 마음으로 안으로 들어갔어요. 1층 전시물이 전부 조명을 이용한 작품이라서 그런지 어둡다는 느낌이 들었지만 무섭지는 않았어요. 지키는 사람도 없고, 눈치 주는 사람도 없고, 인사하는 사람도 없으니 내 집처럼 감상하고, 느껴보고, 생각해보면 되는 곳입니다. 아무래도 건물 외관처럼 실험적인 작품이 많고, 많은 것을 생각하게 하는 작품이 대부분입니다. 젊은 작가들이 많아서 그런지 사회에 첫발을 내디뎠을 때처럼 삶에 관한 고민, 사회에 관한 고민, 정치에 대한 우려 등을 공감하는 시간이었답니다.

1층에 설치된 작품을 보면 솔직히 뭘 말하려는지 잘 모르겠어요. 팸플릿이 왔는데도 미술에 문외한인지라. 그래도 갤러리를 다니다 보면 이런 설치미술이 유행인 것 같아요. 미술계에 유행이 있느냐고 물어볼지도 모르지만 앤디 워홀 덕에 팝아트가 유명해진 것처럼 설치미술이 많이 보이더라고요. 일민미술관에 갔을 때 비슷한 작품을 본 적이 있거든요. 특히 텔레비전이 많이 등장하는데, 아무래도 헛 갤러리의 텔레비전은 부정적 의미로 쓰인 게 많은 것 같아요.

2층으로 가볼까요? 1층보다 더 환하고 덜 난해한(?) 작품이

라 J가 혼자 보더라고요. 1층은 좀 어두워 제 옆에 꼭 붙어 있었는데 말이지요. 2층에서 만난 고등학생 같던 작가가 케이크도 나누어주고 작품 설명도 해주어 유익하게 보냈습니다. 작가님, 케이크 고마웠어요.

헛 갤러리를 방문했을 때 작품들의 주제는 '선물'이었어요. 선물이라는 주제 아래 작가 일곱 명이 나름대로 선물에 대한 정의를 선보이는 시간이었지요. 우리에게 케이크를 준 작가는 어릴 때 아버지가 준 선물 느낌을 소금 결정체가 빚은 사각형에 담은 작품을 선보였어요.

여러분이 생각하는 선물은 어떤 느낌일까요? 제게 선물은 그렇게 철학적이진 않답니다. 여러분이 이 글을 읽는다면 그것이 곧 제게는 선물이랍니다.

헛 갤러리는 강남, 종로, 성북동의 정통 갤러리에 비하면 턱없이 부족합니다. 그런데도 J와 저는 여러분에게 이곳을 소개하자고 입을 모았답니다. 여러분이나 우리나 잘 이해되지 않는 미술작품을 보러 정통 갤러리로 가기가 쉽지 않기 때문이지요. 이렇게 홍대 카페 거리 골목에 갤러리가 있다면 많은 사람, 특히 젊은 사람들이 구경하러 올 거예요. 이런 현상은 우리 미술계가 우리에게 다가오는 좋은 계기가 될 거라고 생각합니다. 시설은 부족하지만 작가들의 열정과 작품의 질은 어떤 갤러리와 비교해도 손색이 없다고 단언할 수 있어요.

여러분도 짬을 내서 애인 손을 잡고 우리 미술계의 미래를 짊어질 젊은 작가들의 작품을 감상해보는 건 어떨까요? *Edited by* Ⓜ

도심에서 즐기는 자연의 감동

성곡미술관

Attractive air ★★★★★
Attractive price ★★★★
Attractive interior ★★★★
Attractive people ★★★★
M's Score **97** 점 따라 느낌으로 방문하는 갤러리
J's Score **98** 점 연인들의 웃음이 함께하는 향긋한 향음관

Today's Concept

M's 준비 온 세상이 푸르게 변하는 5월 이후에 가는 게 좋겠어요. 뒷동산이 예쁜 모습으로 반길 거예요.

J's 코디 산책이 있는 갤러리 데이트니까 걷기에 부담스런 의상이나 신발은 피하세요. 걷는 모습이 아름다워 보일 플레스니커가 좋겠어요.

M&J 지출 내역

입장료(4명) : 20,000원

카페(아이스커피+오렌지에이드+아이스티+키위주스) : 25,000원

INFO

Tel 02-737-7650

Open 10:00~18:00(4~9월 매주 목요일 20:00까지), 휴관-매주 월요일(카페는 월요일도 정상영업 10:00~18:00)

Menu 일반 5,000원, 학생 3,000원, 커피 5,000~6,000원, 아이스커피 6,000~7,000원, 아이스티 6,000원, 녹차라테·코코아·오미자차·유자차 5,000원, 에이드 6,000원, 쿠키·머핀·토스트 2,000원, 케이크 4,000원, 과일주스 7,000원

Location 광화문역 7번 출입구로 나와 서대문 쪽으로 가다가 구세군회관과 서울역사박물관 사이 골목으로 400미터 직진

미용실에서 있다 보면 잡지를 많이 보게 돼요. 소설책보다는 흥미롭고 다채로워 지루한 시간에 보기엔 부담이 없으니까요. 잡지를 보면 멋진 레스토랑이나 데이트하기 좋은 장소를 소개한 글이 있는데, 얼마 전 미용실에 들렀다가 갤러리 탐방과 여유 있는 산책의 멋을 동시에 느낄 수 있는 '성곡미술관'에 관한 글을 읽었어요. 유명한 곳인 줄은 알았지만 사진으로 보는 야외 조각공원의 아름다움, 고풍스러운 찻집, 다양한 작품을 감상할 수 있는 새하얀 갤러리가 매력적으로 각인되더라고요.

유명한 곳은 나름대로 이유가 있듯이 성곡미술관도 정원이 주는 매력, 찻집의 여유, 감상하는 즐거움이 있는 갤러리 덕분에 오래도록 기억되는 것 같아요.

오랜만에 만난 사촌동생들과 성곡미술관을 찾았어요. 사람들로 북적이는 거리보다 분위기 있는 모습에 M도 좋아했어요. 이곳에 와보고 싶었던 제가 제일 기뻐했지만. 갤러리에 들어가기 전에 야외 조각공원을 돌아보았는데, 우거진 숲은 아니었지만 초봄의 야외공원도 꽤나 멋졌어요. 봄기운이 닿지 않았는지 약간 스산하기는 했지만 말이에요. 작은 언덕에 있는 조각공원은 아담하지만 자연이 주는 감동이 함께 있는 곳이라 성곡미술관의 백미라고 할 수 있어요. 야외공원에서는 산책로를 따라가면서 곳곳에 전시된 조각품을 볼 수 있어요. 상쾌한 공기를 맞으며 수다도 떨고, 작품에 관해 의견을 주고받을 수도 있어서 공원 산책을 나온 기분이 들더라고요. 탁 트인 공간에서 시원한 바람을 맞으며 바라본 작품은 오래도록 기억에 남을 거예요.

웃음과 이야기가 함께하는 조각공원 산책을 마치고 찻집으로 향했어요. 성곡미술관에

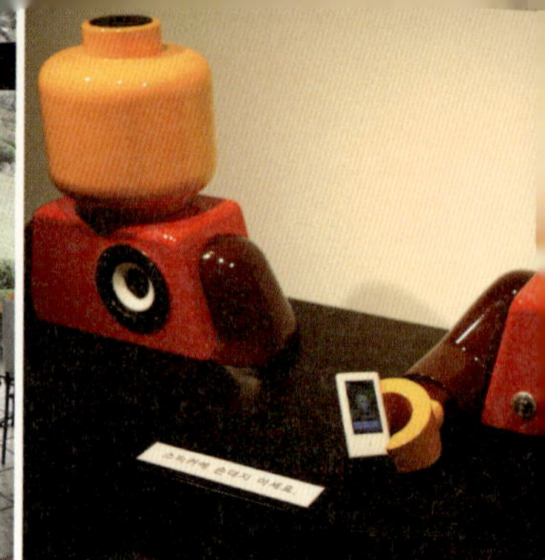

는 찻집이 두 곳 있는데, 느낌이 매우 달라서 좋아하는 분위기를 선택하면 돼요. 성곡 미술관의 터줏대감처럼 자리 잡은 나무 건물 찻집은 예전부터 사람들의 사랑을 받았는데 고풍스러우면서도 산장 같은 모습이었어요. 아늑한 공간에 테라스도 멋지고, 카페 공간도 작아서 숨겨놓은 아지트 같더라고요.

창으로 보이는 야외공원도 한 폭의 그림처럼 느껴지는 마법 같은 공간이죠. 단조로워 보일 공간에 빨갛고 노란 컵을 매달아 귀여움을 뽐내기도 해서 머물 수밖에 없는 매력도 있어요. 저는 이곳에서 쉬었으면 했지만 동생들의 의견을 따라 언덕 위의 다른 찻집으로 향했습니다.

온실로 쓰였다던 찻집은 외관부터 나름대로 멋이 있어요. 처음 본 찻집과는 달리 모던하고 세련됐지만 누구나 편하게 쉴 수 있는 모습은 닮았어요.

창으로 눈이 부시도록 아름다운 햇살이 빛나는 이곳은 테이블 사이도 넓어서 다른 사람들에게 방해받지 않을 수 있어요. 거기에 하얀 벽과 나무 천장이 조화를 이루어 카페에 있는 것만으로도 큰 선물을 받은 기분이었어요. 그 덕분에 즐거운 수다는 끝도 없이 계속됐답니다.

차를 마시며 수다 떨다 미

술관의 갤러리로 갔어요. 미술관은 본관과 별관으로 나뉘어 있는데, 각자 전시 내용이 달라서 상반된 분위기의 작품을 감상하는 행운도 누릴 수 있어요.

새하얀 갤러리에 여유 있게 걸려 있는 작품들 사이의 여백이 사람들에게 충분히 감상하라고 말해주는 것 같아요. 그 어느 곳보다 다음 작품을 보기 전에 작품의 의미를 생각해볼 수 있거든요. 멀리서 또 가까이에서 가끔은 바짝 다가서서 나만의 갤러리 산책에 푹 빠질 수도 있고요. 본관 갤러리에는 아트숍도 있어 유명 예술가들이 만든 작품부터 아기자기한 디자인소품까지 구경할 수 있답니다.

본관에서 별관으로 옮겼는데, 본관과 달리 별관은 캐주얼했어요. 전시 작품에 따라 차이 나는 것일 수도 있겠지만, 실험적이며 해학적인 작품들이 저마다 색다른 모습으로 맞이해 더욱 재미있게 관람했어요.

사람들의 체험을 유도하는 작품도 있는데, MP3를 꽂으면 MP3에 담긴 노래들이 갤러리 전체로 울려 퍼지는 경험도 할 수 있답니다.

멋진 사진에 끌려 무작정 간 곳이지만 공간이 다채로운 성곡미술관의 매력에 감동했어요. 도심 공원을 산책하는 여유와 차 한 잔의 기쁨이 있고, 사랑하는 사람들과 즐거운 웃음이 함께하는 갤러리. 성곡미술관에 가면 다양한 즐거움에 데이트도 멋지게 기억될 거예요. *Edited by*

Attractive air ★★★★☆
Attractive price ★★★★☆
Attractive interior ★★★★★
Attractive people ★★★★★
M's Score **98**점(보는 것보다 얻는 것이 더 많은 갤러리)
J's Score **98**점(갤러리 나들이를 위한 최적의 장소)

Today's Concept

M's 준비   미술관 옆에 커피빈이 있어요. 더우면 잠시 쉬었다 가도 좋아요.

J's 코디   올림픽공원에 있으니까 갤러리 관람 후 산책하려면 편한 플랫슈즈를 신고 가세요.

M&J 지출 내역

입장료(2명) : 6,000원

INFO

Tel   02-425-1077
Open   10:00~18:00(입장마감은 오후 5시, 매주 월요일 휴관)
관람료   성인 3,000원
Location   8호선 몽촌토성역 1번 출입구로 나와 평화의 문에서 오른
             쪽으로 200미터(승용차는 올림픽공원 남 3·4문 주차 가
             능-1시간 무료)

올림픽공원에 가본 적이 있나요? 그러고 보니 J가 늘 가자던 63빌딩도 아직 못 가봤네요. 서울에 있으니까 더 안 가는 것 같아요. 여러분도 그런가요? 이번에는 J와 함께 올림픽공원을 다녀왔답니다. 그런데 2월이라 추웠어요. 가는 날이 장날이라고 겨울비도 조금 내리기에 그냥 돌아갈까 하다가 마주 한 곳이 '소마미술관' 입니다. 올림픽공원에 전문미술관이 있으리라고는 상상도 못했는데, 이렇게 좋은 곳을 몰랐다는 사실에 괜히 부끄러워졌답니다. 한참 갤러리 투어에 빠져 있던 때라 누구랄 것도 없이 동시에 들어가자고 했어요. 미술관은 아주 커서 천천히 구경하려면 한 시간도 더 걸리겠더라고요.

작품이 많기도 하지만 공간이 워낙 넓다 보니 작가가 구상한 작품을 제약 없이 전시할 수 있다는 게 마음에 들었어요. 작가들 구상보다 작품을 작게 만들거나, 특히 천장 높이 때문에 구조물의 키가 낮아질 때도 있거든요. 그런데 여기서는 아주 큰 나무도 봤으니 그럴 걱정은 없겠더라고요.

아이와 함께 온 엄마들도 많았고 우리 같은 커플도 꽤 되더라고요. 그래서 그런지 전형적인 미술관이었지만 편안하고 친숙했답니다. 부담 없이 작품을 볼 수 있는 강점이 있는 미술관이라고나 할까? J도 기분이 좋았다고 또 가자고 하더라고요. 소마미술관을 찾아낸 날처럼 생각지 못한 곳에서 보석 같은 장소를 만났을 때 우리가 하는 일에 보람을 느낀다나요? J의 말에 저도 동감합니다.

올림픽공원에 있는 미술관이라고는 믿기지 않을 만큼 공을 들인 소마미술관을 보았을 때 꽤 놀랐답니다. 올림픽공원 생긴 게 언젠데 이런 미술관이 있다는 걸 몰랐다니. 날

이 저물어 어둑어둑했는데도 그런 건 아무 문제가 아니었답니다. 어릴 적 장난감 가게에 들어갈 때처럼 설레는 마음으로 미술관 외관을 둘러보니 예사롭지 않더라고요. 시멘트로만 건물 외벽을 만든 지는 그리 오래되지 않았을 텐데 이미 그런 식으로 지었더라고요.

미술관 밖에도 조각공원이 무색하지 않을 만큼 작품이 많고, 특히 건물과 연결된 곳에는 작품을 파는 가게도 있답니다. 일찍 찾았다면 들어가 봤을 텐데 문 닫는 시간이 다 돼서 그러지 못한 게 좀 아쉽네요.

다음에는 꼭 들러서 기념품을 살 생각이에요. 미술관치고는 입장료도 비싸지 않으니 올림픽공원에 오셔서 겸사겸사 보고 가도 좋을 것 같아요. 아니, 소마미술관을 먼저 둘러본 사람으로서 조언하면 소마미술관을 보러 와서 겸사겸사 올림픽공원을 둘러보는 게 좋을 것 같네요. 그만큼 구경거리도 많고 배울 것도 많습니다.

소마미술관 내부는 아주 커서 네 개 전시관으로 되어 있답니다. 전시 일정에 따라 그 개수는 차이가 있을 거 같네요. 소마미술관의 가장 큰 특징은 큐레이터가 직접 작품에 대해 설명하고 작가의 생각에 관한 정보를 준다는 겁니다. 이게 아무것도 아닌 것 같지만 정말 필요한 겁니다. 다른 미술관이나 갤러리에서는 이걸 왜 안 하는지 모르겠어요. 이런 서비스가 많아져야 우리 같은 일반인도 미술을 좋아하고 대중화하는 데 앞장서지 않을까요? 아직까지 미술은 일반적이거나 대중화되지 못했잖아요. 그런 현실이 안타까워요. 처음엔 저도 이해를 잘 못했는데 많이 다녀보니 그리 어려운 게 아니란 걸 알았거든요. 깨닫고 나니 갤러리 문을 열고 들어가기가 훨씬 편해졌지요. 여러분도 많이 가서 우리와 같은 느낌을 공유했으면 해요.

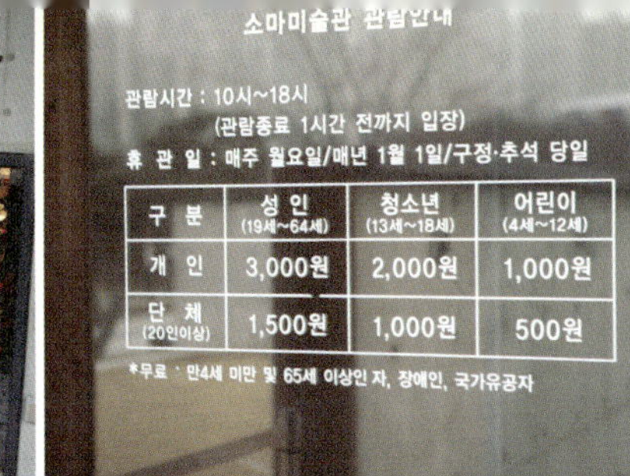

소마미술관 관람안내

관람시간 : 10시~18시
(관람종료 1시간 전까지 입장)
휴 관 일 : 매주 월요일/매년 1월 1일/구정·추석 당일

구 분	성 인 (19세~64세)	청소년 (13세~18세)	어린이 (4세~12세)
개 인	3,000원	2,000원	1,000원
단 체 (20인이상)	1,500원	1,000원	500원

＊무료 ˙ 만4세 미만 및 65세 이상인 자, 장애인, 국가유공자

소마미술관 내부는 무척 깔끔해요. 2층으로 되어 있고 일방통행이라 계속 가면 미술관을 다 돌 수 있어요. 우리는 비오는 날 아주 늦은 시간에 갔는데도 사람들이 있었답니다. 고객들에게 더 가까이 다가가려는 소마미술관의 노력이 그 이유겠지요? 잠깐 둘러보고 나올 생각이었는데 설명도 듣고 이것저것 보다보니 한 시간을 훌쩍 넘겼어요. 다 보고 나서 의자에 앉아 잠깐 쉬면서 사진을 찍었어요. 데이트하기에 이보다 더 좋은 곳이 있을까 싶네요.

미술관에서 나왔을 때는 어두웠어요. 다음에는 도시락 들고 아침에 와야겠어요. 미술관에서 구경하고 나와 잔디밭에서 J와 도시락 먹고, 돗자리에 누워 책도 읽다가 소마미술관 옆 커피빈에서 아이스커피를 마시면 데이트 풀코스가 되겠네요. *Edited by* Ⓜ

Gallery 07

어디론가 떠나고 싶은 충동

철도박물관

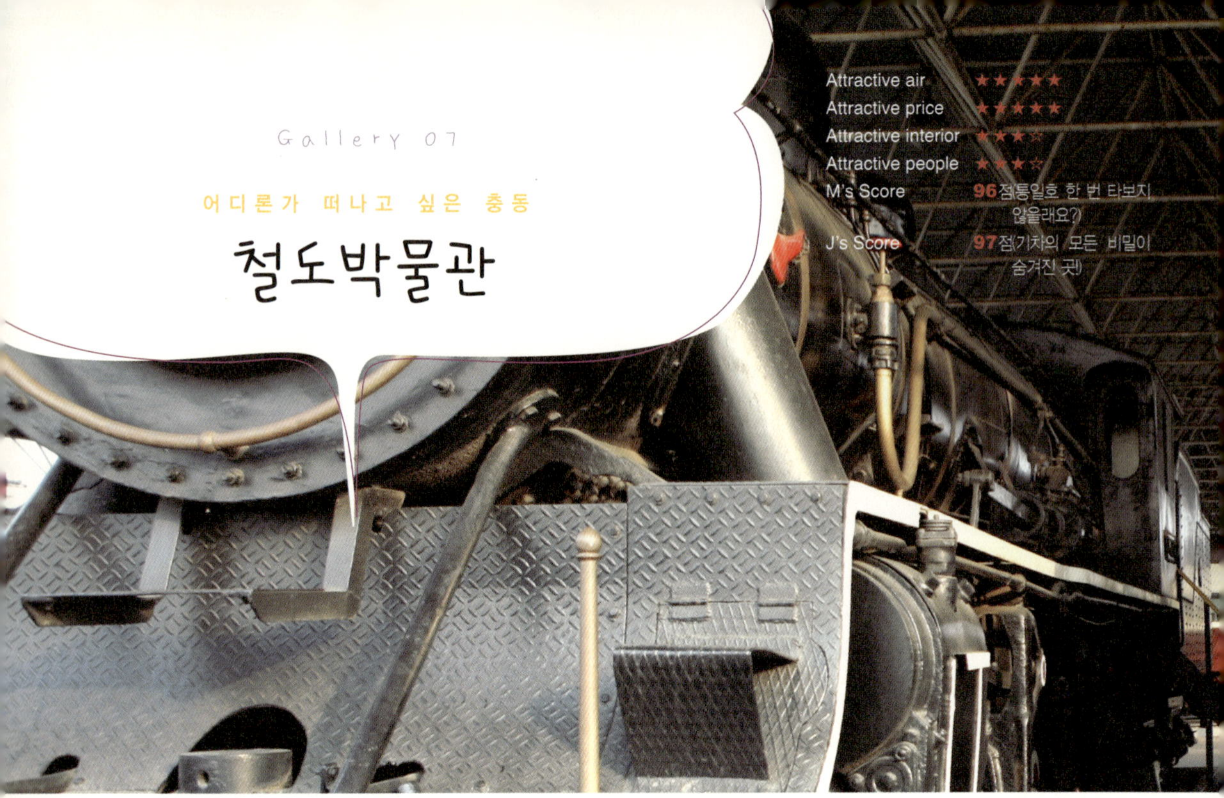

Attractive air ★★★★★
Attractive price ★★★★★
Attractive interior ★★★☆
Attractive people ★★★☆
M's Score 96점(통일호 한 번 타보지 않을래요?)
J's Score 97점(기차의 모든 비밀이 숨겨진 곳)

용인 집에서 고속도로로 20분 남짓 가면 의왕에 있는 '철도박물관'이 나와요. 사진 취미가 있는 사람이라면 가보고 싶어 하는 곳이라며 M이 얼마나 조르던지 함께 차에 올랐습니다. 봄 햇살이 따뜻한 날이라 그런지 가까운 철도박물관으로 가면서도 소풍 가는 것처럼 들떴어요. 생각만큼 크고 세련된 건물은 아니었지만 야외 전시장의 기차 사이로 산책할 수 있게 꾸며놓은 철도박물관은 지난 세월이 만든 정감 있는 모습이었어요. 입장료도 500원이니 아이들이나 연인들에게는 실용적인 나들이 장소가 아닐까요. 철도박물관에서 가장 인기 있는 곳은 기차 전시장이에요. 오래전 달렸던 증기기관차

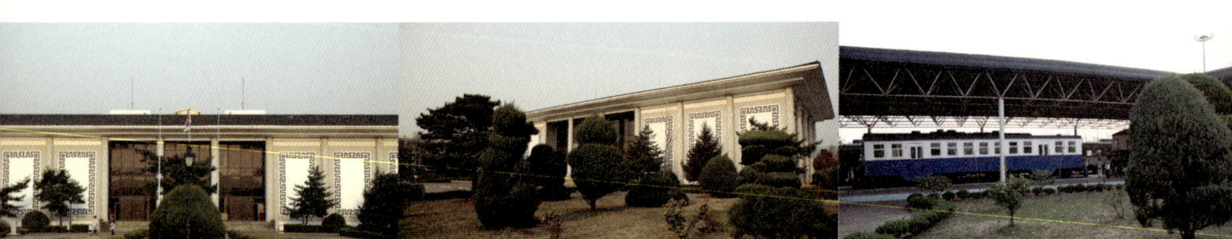

부터 KTX까지 기차 변천사도 볼 수 있고 안에 들어가 직접 살펴볼 수도 있어 꽤 재미 있어요. 우리나라에서 기차를 가장 많이 볼 수 있는 명당도 따로 있는데, 철도박물관 주변에 실제 역이 있어 기차가 떠나는 모습을 지켜볼 수 있답니다.

기차여행에서는 먹을거리를 빼놓을 수 없겠지요? 친구들과 기차여행을 가면 다양한 먹을거리 덕분에 즐거운 추억을 만들게 되는데, 철도박물관에는 실제 기차에 컵라면 이나 어묵, 만두 같은 음식을 파는 매점이 있어 기차여행의 재미를 고스란히 즐길 수 있답니다. 하루쯤 시골의 정겨움과 세월의 흔적이 있는 철도박물관에 놀러가는 것도

색다른 즐거움이 될 것 같아요.

의왕에 있는 철도박물관의 중앙 건물은 기차의 역사를 한눈에 볼 수 있는 곳으로, 기차에 관한 것이라면 하나도 빠짐없이 전시해놓았어요. 기차라는 테마가 평소 쉽게 접할 수 없던 것이라 그 신기함과 재미에 푹 빠질 수 있답니다. 딱딱한 외관과는 달리 흥미로운 것이 많아서 주말에는 소풍 삼아 놀러온 사람들도 많아요.

어릴 적 기차 타고 떠나는 여행을 꿈꿨듯, 추억이 담긴 곳이라고 보면 좋겠네요. 저도 M과 기차를 타고 여행한 적은 없지만 잠시나마 그런 기분을 느낄 수 있어 좋았어요.

전시장을 빠져나와 향한 곳은 야외의 기차 전시관이에요. 사진 찍는 사람에게 가장 사랑받는 공간이면서 연인들의 산책을 책임지는 곳이에요. 세월이 지나면서 변화를 거듭했던 기차를 한 곳에서 관람할 수 있어 아이, 어른 모두 좋아하는데, 실제 기차 한두 칸쯤을 분리해서 전시했기에 그 느낌이 더 생생했어요.

M의 손을 잡고 기차 사이를 누비며 산책하는 동안 맘속 깊이 여행의 설렘이 가득 차오르는 듯했어요. 덜컹거리는 기차에 탄 어린아이처럼 이리저리 뛰어다니며 장난도 치고, 피곤에 지쳐 서로 어깨에 기대어 조는 모습도 연출해보았어요.

가상체험이긴 하지만 당장이라도 출발할 것 같은 기차놀이에 시간 가는 줄 모르고 M과 신나게 즐겼답니다. 제가 태어나기도 전에 달렸던 노란 기차와 증기를 뿜어대던 증기기관차는 보는 재미는 물론, 더없이 멋진 사진으로 남기 때문에 사람들의 관심을 독차지했어요. 저도 멋진 포즈로 찰칵! 추억을 담아왔습니다.

멋진 사진이 나올 법한 곳을 더 알려드린다면 박물관 앞 철길을 추천하고 싶어요. 기차가 노선을 바꾸며 바삐 움직였던 철길을 그대로 옮겨놓은 곳이라 운치도 있고, 희망을 가득 싣고 달리는 기차 생각에 기분이 좋아지는 곳이에요. 철길을 따라 걷다보면 M이 멋지게 찍어준 것처럼 연인의 뒷모습을 카메라에 담아보세요. 칭찬받을 거예요.

다음으로 간 곳은 M은 한 번도 타보지 못했지만, 저는 한번 타본 KTX 모형관이에요. 기차를 탈 일이 없어 KTX를 볼 기회가 없던 M은 눈을 크게 뜨고 이곳저곳을 누비더라고요. 하지만 실물이 아닌 모형이라 앉아보거나 기차를 탄 느낌을 알 수 없어 아쉬움이 많았어요.

아쉬움을 달래볼까 하여 기차 안에서 음식을 먹을 수 있는 매점으로 향했어요. 먹는 것에 약한 우리는 조금 전의 서운함도 잊고 마냥 신났어요. 멈춘 기차 안이지만, 책·걸상이 줄지어 있는 매점에서는 라면이나 어묵 등을 먹을 수 있어요. 기차여행에서 먹는 것은 빼놓을 수 없듯이 매점에서는 그런 기분까지 덤으로 얻을 수 있답니다.

이별과 만남이 있어 쓸쓸해 보이기도 하고, 가끔은 발걸음이 가벼워 보이는 기차. 철도박물관에 가면 그런 마음이 많이 달라질 거예요. 깨끗하고 세련된 박물관과 거리가 멀어 실망하는 사람도 있겠지만 기차가 주는 선물을 마음에 담을 수 있어 추천하고 싶네요. 오늘 연인과 함께 철도박물관으로 추억 여행을 떠나보는 건 어떨까요?

그곳에 도착하게 되면 술 한 잔 마시고 싶어
저녁때 돌아오는 내 취한 모습도 좋겠네
-김현철 〈춘천 가는 기차〉 중에서

Gallery 08

서로의 가슴에 뭉클함을 남기다

서대문형무소

Attractive air ★★★★
Attractive price ★★★★★
Attractive interior ★★★
Attractive people ★★★★☆
M's Score   96점(애국자 커플이 되어보는 곳)
J's Score   97점(이색적인 매력이 있어 더욱 아름다운 곳)

Today's Concept
M's 준비   데이트 장소로도 손색없지만 애인 손을 잡고 우리나라
            미래를 생각해보는 것도 좋아요. 분위기는 자연스럽게
            만들어질 거예요.
J's 코디   형무소였던 곳인 만큼 밝은 의상보다는 무채색 계열
            의상이 어울릴 것 같아요. 사진을 찍어도 그게 더 멋
            스러울 거예요.

M&J 지출 내역
입장료(3명) : 4,500원

INFO
Tel   02-360-8500
Open   09:30~18:00(11~2월 ~17:00), 휴관-매주 월
         요일 1월 1일, 설·추석, 공휴일 다음 날
관람료   어른 1,500원, 청소년 1,000원, 어린이 500원
Location 3호선 독립문역 5번 출입구로 나와 독립공원 쪽으로
          직진

오늘은 색다른 데이트를 할 거예요. J와 데이트하는 것이 아니라 대학 1학년인 풋내기 사촌동생들과 하는 데이트랍니다. 저는 데이트를 밀착 취재하는 사진기자랍니다. 파릇파릇한 친구들에게 어디에 가고 싶으냐고 물었더니 서대문형무소에 가보고 싶대요. "거기 뭐 볼게 있냐" 했더니, 우리가 생각하는 그런 형무소가 아니라네요. '서대문형무소'는 한마디로 박물관이라고 하네요. 진짜 교도소가 아닌가 보네 했지요.

이곳은 서울 한복판에 있답니다. 신기하죠? 형무소가 서울 시내에 있다니요. 그런데 이곳은 일제강점기 독립투사들이 옥살이하던 그 형무소라고 하네요. 갑자기 애국심이 가슴속에서 끓어오르는군요. 유관순 누나도 여기에서 옥살이하셨답니다. 그렇게 옛날에 지은 형무소라서 당시에는 변두리였던 곳이 지금은 서울 시내가 된 것도 이해됩니다.

이곳을 여기에 소개하는 까닭은 그저 데이트만 하라는 게 아니라 나라를 생각하는 마음을 다시 한 번 먹어보는 것도 나쁘지 않을 거라 생각해서였어요. 가보면 애국심이 불타거든요. 그렇다고 딱딱한 데이트를 상상하진 마세요. 이곳은 교육적으로도 가치 있지만 데이트하기에도 무리 없는 공원이에요. 넓은 잔디밭에 형무소 모습 그대로 간직하여 형무소 견학도 할 수 있는 곳이랍니다. 사촌동생들도 생각했던 것보다 훨씬 좋아 뿌듯하다고 하더라고요. 우리가 더 고마워해야 했는데. 그 덕분에 좋은 데이트 장소를 소개할 수 있게 됐잖아요. 그럼 파릇파릇한 새내기들 뒤를 쫓아가 볼까요?

서대문형무소는 영화 〈더록〉에 나온 알카트라스 교도소라고 보면 될 것 같아요. 알카트라스 교도소가 관광명소가 된 것은 아시죠? 서대문형무소도 독립투사들을 가두고 고문하던 악명 높은 형무소였는데, 지금은 학생들의 소풍장소로, 어린아이들의 학습의 장으로, 어른들에게는 독립투사들의 혼을 되새기는 곳으로, 젊은이들에게는 가볍

지 않은 데이트 장소로 발돋움하고 있답니다.

사진이 조금 어두운데 일부러 그렇게 찍었습니다. 제 마음이 사진처럼 무거웠던 것 같아요. 독립투사들이 어떻게 살았는지 보여주는데 가슴이 아프더라고요. 나라뿐만 아니라 국민 모두 관심을 가져야 할 것 같아요. 이 분들이 없었으면 지금 우리도 없었을 테니까요.

서대문형무소는 건물 7~8동으로 되어 있어요. 옛날 감옥을 그대로 보존했답니다. 녹슨 철문이 당시의 암울했던 상황을 말해주는 것 같았어요. J와 손을 꼭 잡고 다녔답니다. 말은 안 했지만 나라를 생각하는 마음이 우리를 이어주고 있었지요. 기나긴 복도는 왜 그리도 싸늘하고 추워 보이던지. 감옥의 육중한 문들은 왜 그리 무겁고 두껍던지. 유관순 누나가 여기서 순국했다고 생각하니 가슴이 아팠답니다.

네 명이 같이 지냈다는 방에는 들어가서 체험할 수 있답니다. 모든 문이 다 열려서 어디라도 들어갈 수 있어요. 서대문형무소를 철거하거나 보존해야 한다며 밖에서만 구

감옥 둘레 사방으로 눈이 펑펑 내리는 밤
무쇠처럼 찬 이불 속에서 재와 같은 꿈을 꾸네
철창의 쇠사슬 풀릴 기미 보이지 않네
심야에 어디에서 쇳소리는 자꾸 들려오는지
—한용운, 〈雪夜〉

경해야 했다면 이런 애국심은 생기지 않았을 거라고 봐요. 또 J 손을 놓지 않을 만큼 마음의 대화를 할 수도 없었겠지요. 사촌동생들을 방 안에다 세워두고 어떻게 찍어줄까 했더니 나름대로 포즈를 취하네요. 말은 안 했지만 생각이 많았나 봐요. 사진을 찍고 나니 독립투사들이 나가고 싶어 하던 마음이 느껴져 마음이 찡했답니다. 애들아, 너희 다 컸다.

서대문형무소를 둘러보고 나오니까 무겁던 마음도 좀 가벼워져 이제 즐겁게 놀아보자 했답니다. 날씨는 화창했고, 잔디도 파랬고, 애국순열들에게 마음의 보답을 한 것 같아 마음이 한결 가벼워졌고요. 사촌동생들도 많은 걸 보고 배우고 간다며 의젓하게 얘기하더군요. 벤치에 앉아서 얘기도 나누고, 유치원생들 뛰어노는 것도 보면서 교육적으로 가치 있는 곳을 많이 찾아내서 소개해야겠다고 생각했답니다. 형무소를 나오는데, 건물 외벽에 거대한 태극기가 걸렸더라고요. 늘 보던 태극기였지만, 그 태극기는 우리 마음에 가장 크게 자리 잡았을 듯합니다. 그래서 서대문형무소 메인 사진은 태극기랍니다. *Edited by* Ⓜ

Gallery 09
환상적인 디자인 정글 속으로
한가람 디자인미술관

Attractive air ★★★★★
Attractive price ★★★★★
Attractive interior ★★★★☆
Attractive people ★★★★☆
M's Score 99점(예술의 전당엔 예술 말고 디자인도 있다)
J's Score 99점(신기하고 재미있는 디자인 세상)

Today's Concept
M's 준비 예술의 전당은 볼거리가 많아요. 음악분수도 있고, 공
연도 많고, 놀거리와 볼거리를 찾아보는 건 어떨까요?
J's 코디 예술의 전당에 있는 미술관인 만큼 분위기 있는 원피
스를 입어보세요!

M&J 지출 내역
티파니 보석전(2명) : 24,000원

INFO
Tel 02-580-1490~1498
Open 11:00~20:00(11~2월 11:00~19:00), 휴관-매
월 마지막 주 월요일
입장료 성인 5,000원, 학생 3,000원(요금은 기획전에 따라
다르다)
Location 3호선 남부터미널(예술의 전당) 역 5번 출입구로 나와
걸어서 10분

데이트를 하다보면 영화 보기도, 맛있는 음식점 찾기도 귀찮아질 때가 있어요. 색다른 볼거리로 즐거움을 느껴보고 싶지만 공연이나 콘서트 예약은 준비성이 필요해 부담만 생기고요. 이런 날 교외로 나가는 게 좋지만 늦잠을 포기하는 것 또한 쉽지 않아 무엇을 해야 좋을지 고민 많이 했을 거예요. 그런 분들에게 더욱 즐거운 데이트 장소를 소개하려고 해요.

사당역에 있는 예술의 전당에는 공연장뿐 아니라 미술관, 음악당, 서예박물관, 야외공연장까지 예술을 위한 공간은 모두 있어요. 그중 '한가람 디자인미술관'은 일반 그림을 전시하는 공간이 아니라 국내외 디자인 문화 트렌드를 한눈에 볼 수 있는 특별한 장소라 데이트 코스로는 안성맞춤이랍니다.

깔끔한 외관과 미적 감각이 물씬 풍기는 분위기. 늘 다양한 기획전이 열리는 디자인하우스인 만큼 색다른 볼거리가 많아 자주 가도 즐겁게 보낼 수 있어요. 우리가 갔을 때는 티파니 보석전과 디자인 생활용품 전시회가 있었는데, 일반적인 미술 갤러리와는 달리 자유로운 분위기와 디자인이라는 전시 장르에 특별함마저 느껴졌어요. 게다가 관람이 끝나면 광장에서 산책할 수도 있고, 음악 분수를 보며 로맨틱하게 보낼 수도 있답니다. 햇살 가득한 주말 오후! 깜깜한 영화관 데이트는 미루고 연인의 손을 잡고 예술의 전당 한가람 디자인미술관으로 가세요. 정열적인 뮤지컬을 본 것처럼 흥미로운 데이트가 될 테니까요.

한가람 디자인미술관에서는 일상생활에서 쉽게 접할 수 있는 모든 디자인을 주제로 다양한 작품을 선보이고 있어요. 실험적인 내용부터 체험 특별 이벤트까지 디자인이

주제이기 때문에 특별하게 즐길 수 있답니다.

미술관으로 들어가기 전 만나는 디자인 큐브는 이곳의 콘셉트에 맞게 만들어진 차별화된 전시공간이에요. 앙증맞은 투명 유리 공간에 멋진 작품을 선보여 사람들의 시선을 한 몸에 받는 큐브는 아이디어가 참신한 디자이너들의 작품을 구경하는 야외 전시장이라고 보면 돼요. 그 모습에 반해 미술관으로 들어가기 전부터 큰 기대를 품게 만들지요.

우리가 갔을 때는 두 전시를 동시에 진행했는데, 세계적인 주얼리 회사인 티파니의 보석전이 그중 하나로 사람들의 관심을 많이 받았어요. 여심을 사로잡는 보석전이라 그런지 여성 관람객이 많았는데, 주얼리 디자인의 경우 고가품도 많고 디자인이 브랜드 이미지를 대표하기 때문에 사진촬영을 금지해서 눈으로만 담고 나왔어요.

그러고 나서 모더니즘을 대표하는 디자인 생활용품 전시장으로 발길을 돌렸는데, 입구부터 여행 전시품으로 사람들을 매혹시키더라고요. 곧짐을 꾸려 여행을 떠나고 싶은 마음이 들 만큼 아름다운 모습을 뽐내는 여행용품들은 디자인의 중요성을 다시 한 번 일깨워주었어요.

특별전시장에 마련된 디자인 생활용품전에서는 일상생활에서 사용하는 다양한 제품이 디자인 차별화로 얼마나 변하는지, 그로써 집안 분위기나 인테리어에 얼마나 영향을 주는지 한눈에 보여주었어요.

집안 분위기를 한층 밝게 하는 텔레비전과 조명, 멋스럽게 자리한 소파로 집을 꾸며 보고 싶다는 생각이 저절로 들더라고요. 거기에 분위기 있는 바가 연상되는 깔끔한 테이블은 제가 제일 탐냈던 물건이에요.

알록달록 원색의 귀여운 제품이 가지런히 놓인 모습에 이끌려 시간 가는 줄 모르고 돌아다녔어요. 이런 재미있는 디자인 전시를 다양하게 진행하는 미술관을 알게 돼 기분도 좋아졌고요.

디자인의 재미라는 게 이런 거구나 하고 깨달으며 독특한 물건이 없을까 살펴보는데, 용도를 모를 원형 달력과 현대인들에게 유용할 카드 꽂이가 눈에 띄더라고요. 독특한 발상이 멋진 작품을 만들어내듯 이곳에서는 그런 게 현실이 되었어요. 책을 힘껏 미는 책 정리 용품, 와인 관련 용품은 연인들에게 인기 최고였어요. 저와 같은 주부들은 노랗고 귀여운 에스프레소 커피 메이커에 관심이 더 많았지만 보는 것만으로도 즐거운 디자인 용품은 작품과 다름없었어요.

우리 생활에 가까이 있어 가끔은 소중함을 잊는 디자인. 한가람 미술관에서는 그런 디자인이 주인공이 되어 늘 새로운 모습을 선보인답니다.

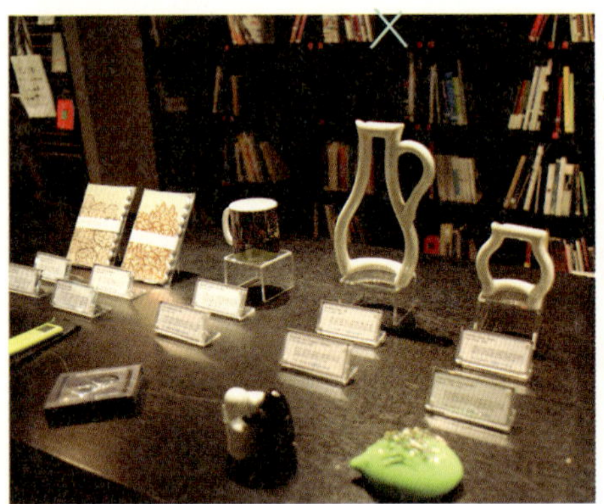

연인과 들르면 새로운 미술관 체험에 예상치 못한 즐거움을 얻을 수 있고요.
이번 주말 예술의 전당으로 연인과 나들이를 떠나보세요. 소풍을 나온 것처럼 예술의
전당의 다양한 문화 공간을 산책하고, 디자인이 있어 재미있는 한가람 디자인미술관
에 들러 즐겁고 재미있는 시간을 체험해보세요. 뜻하지 않은 디자인미술관 데이트는
기억에 오래도록 남을 거예요. *Edited by*

주말이 기다려지는 여유로운 걷기 여행

인사동&갤러리

Attractive air ★★★★★
Attractive price ★★★★☆
Attractive interior ★★★★★
Attractive people ★★★★☆
M's Score **98**점(전통문화에 대한 뿌듯함이 절정으로)
J's Score **98**점(공짜로 즐기는 문화 거리)

Today's Concept
M's 준비   인사동은 주차비가 비싼 게 흠이에요. 대중교통을 이용하는 게 훨씬 좋답니다. 느긋하게 버스를 타고 가는 건 어떨까요?

J's 코디   인사동에서는 걷는 시간이 기니까 정장풍은 피하세요. 세련된 청바지에 빅백을 매면 더 없는 멋쟁이로 보일 거예요.

M&J 지출 내역
없음

INFO
Tel   관훈갤러리 02-733-6469
하나아트갤러리 02-736-6550
인사아트센터 02-736-1020
Open   관훈갤러리(10:30~18:30)
관람료   무료
Location   관훈-인사동 거리 쌈지길 맞은편 골목에 위치
하나아트, 인사아트센터-인사동 사거리 수도약국 부근

토요일 아침부터 J가 부산스럽네요. 봄기운 가득 실은 바람이 창문을 두드릴 때니까 어딜 간다는 것만으로도 들뜨나 봅니다. 아침에 베란다 창문을 열어젖힐 때 제 기분도 날아갈 것 같았는데, 비슷한 기분인가 봐요. 오늘은 어디에 갈까 고민하지 않아도 되어 더 좋습니다. 한 달 전쯤 앞에서 소개한 'VOOKS' 북카페에 놀러갔다가 다른 약속 때문에 돌아서야 했던 인사동에 가기로 했거든요.

우리가 느낀 인사동은 신식 건물이 들어서 옛 모습은 찾기 힘들고 체인점이 하나 둘 늘어 낯설기도 한데, 그건 단지 겉모습만 변하는 것일 뿐 인사동의 내면은 하나도 변하지 않았더라고요. 여전히 사람 냄새 나고, 전통차를 즐기고, 한복 입은 사람들이 농악도 울리고, 엿도 팔고… 10년 전과 비교해도 달라진 게 거의 없어서 더 좋았어요. 여러분과 마찬가지로 저도 10여 년 전쯤 한두 번 가봤는데 그 이유가 아주 간단합니다. 너무 낡았기 때문이거든요. 모든 것이 너무 낡았던 때가 있었는데, 많은 사람이 그게 전통이라고 여겨 바꾸고 싶지 않았던 상황이었답니다.

하지만 전통은 마음속에 자리하면 되는 것이고 진짜 지켜야 할 전통문화라면 철저히 지키면 되겠지요. 인사동은 지키고 보호해야 하는 전통문화가 아니라 한국의 전통을 보여주고 펼쳐야 하는 세계문화가 된 느낌입니다. 그런 인사동이 스스로 어떻게 하면 살아남을지, 어떻게 하면 관광명소로 우뚝 설 수 있는지 답을 찾아낸 것 같아요. 외국인은 더럽고 낡은 것을 기피합니다. 우리도 마찬가지잖아요. 동남아시아 관광을 가서 더러운 곳은 아무리 그 나라의 전통문화가 있다 해도 잘 가지 않는 것처럼 외국인들도 옛날 인사동은 너무 낡아 잘 가지 않았지요.

하지만 이번에 본 인사동은 깔끔하게 정리된 거리 양쪽으로 전통차를 파는 깔끔한 카페, 우리나라에서만 볼 수 있는 물

건을 파는 독특한 상점, 쌈지길이라 하는 인사동의 얼굴 등 독특한 공간이 어우러져 많은 외국인이 카메라를 들고 열심히 구경하며 우리 문화를 체험하고 있었답니다. 인사동에는 놀거리가 정말 많아요. 걱정하지 말고 놀러 가세요. 토요일 점심때쯤이면 신기한 볼거리가 널린 곳이에요. 시원한 식혜도 마시고 갤러리도 구경하세요.

오늘 소개할 곳은 갤러리인데, 갤러리 얘기는 아예 꺼내지도 않았군요. 이해해주세요. 인사동이 자랑스럽게 변해가고 있어서 흥분했네요.

인사동에 도착하자마자 우리를 반긴 건 풍물 행렬이었습니다. 조선통신사 행렬을 재현한 이벤트 공연이었어요. 조선통신사는 일본의 경축일을 축하하러 가거나, 일본의 상황을 파악하러 간 정부 파견 평화사절단이라 할 수 있어요. 한 번에 500여 명이 갔다고 하는데, 규모가 어마어마했지요? 실제 조선통신사보다 규모가 작았지만 신명나는 국악 한마당이어서 외국인들한테 괜히 뿌듯했답니다.

본격적으로 갤러리 얘기를 해볼까요? 제가 무릎팍도사도 아닌데, 이제 와서 본격적으

로 소개한다고 하니까 우습네요. 여러분에게 인사동에 꼭 가보라고 하는 또 하나의 이유는 바로 인사동이 갤러리 천국이기 때문이랍니다.

전국적으로 이곳만큼 갤러리가 많은 곳은 없을 거예요. 그냥 문 열린 곳으로 들어가면, 둘 중 하나는 카페 아니면 갤러리입니다. 그만큼 갤러리가 많은데, 거의 대부분 입장료가 없어서 더욱 매력적이지요.

작품 수준도 떨어지지 않습니다. 이름 있는 작가부터 아마추어 작가까지 많은 작품이 전시된답니다.

우리도 세 시간쯤 대여섯 갤러리를 돌아다녔어요. 그중 기억나는 몇 군데를 알려드릴게요. 먼저 '관훈갤러리' 입니다. 인사동을 대표하는 특급 갤러리랍니다. 본관과 신관 두 군데로 나뉘어 있고요. 여느 인사동 갤러리와 마찬가지로 그냥 들어가서 구경하고 나오면 됩니다.

다음은 '하나아트갤러리' 입니다. 2층에 있는데, 처음 들어가면 물건만 파는 곳 같아요. 하지만 옆 공간에 갤러리가 있답니다. 이곳에서는 그림보다 더 예쁜 전통 수공예품을 전시해요. 알록달록하고 구성도 알차서 외국인이 보면 좋아하겠던데요. 여기도 지켜보는 사람이 없답니다. 그냥 편하게 구경하면 됩니다.

이번엔 '인사아트센터' 입니다. 인사동 메인도로를 걷다보면 '수요일' 이라는 꽤 유명한 카페가 있습니다. 눈에 금방 띌 거예요. 그 건물 바로 옆에 있

gallery A&S

어요. 이곳은 무려 세 갤러리가 한 건물에 있어요. 3층, 4층, 5층에 있는데 작품 수준도 무척 높았어요. 층마다 다른 갤러리가 관리하는데, 그래서 그런지 작품 장르도 다르더군요. 3층은 민화나 풍속화, 4층은 젊은 작가들의 조각상이나 설치 미술 위주, 5층은 아마추어 작가나 동호회 회원의 작품으로 채워져 있답니다.

인사동 갤러리들은 이곳들 말고도 무척 다양하고 많은데 이 정도만 소개하려니 안타까워요. 인사동에 가면 전혀 부담 갖지 않아도 되니까 애인 손잡고 아무 곳이나 들어가세요. 어딜 가든 적어도 인사동에서만큼은 여러분이 주인이랍니다. 애인과 함께 여기저기 구경하며 돌아다니다 보면 시간은 훌쩍 지나고, 애인과 사이도 훨씬 돈독해질 거라고 믿어요. *Edited by* Ⓜ

시작되는 연인들을 위한
키스를 부르는 여행지 37

초판 1쇄 발행 ㅣ 2008년 6월 10일
초판 2쇄 발행 ㅣ 2009년 6월 29일

지은이 ㅣ 홍민기 · 조지은
펴낸이 ㅣ 심만수
펴낸곳 ㅣ (주)살림출판사
출판등록 ㅣ 1989년 11월 1일 제9-210호

주소 ㅣ 413-756 경기도 파주시 교하읍 문발리 파주출판도시 522-2
전화 ㅣ 031)955-1350   기획 · 편집 ㅣ 031)955-4660
팩스 ㅣ 031)955-1355
이메일 ㅣ book@sallimbooks.com
홈페이지 ㅣ http://www.sallimbooks.com

ISBN   978-89-522-0902-3 13980

* 잘못된 책은 구입하신 서점에서 바꾸어 드립니다.
* 저자와의 협의에 의해 인지를 생략합니다.

값 11,000원

살림Life 는 (주)살림출판사의 실용서 전문 브랜드입니다.